통계 분석과 빅데이터

―― 파이썬으로 배우는 통계와 빅데이터 이야기

Statistical Analysis and Big Data
with Python

통계 분석과 빅데이터

—— 파이썬으로 배우는 통계와 빅데이터 이야기

심재창·정인갑·고주영 지음

통계 분석과 빅데이터

발행일 • 2025년 3월 5일 초판1쇄

지은이 • 심재창, 정인갑, 고주영
펴낸이 • 오성준
편집 • 김재관, 김호경
본문 디자인 • 김재석
표지 디자인 • BookMaster **K**

펴낸 곳 • 카오스북
등록번호 • 제2020-000074호(2012년 10월 20일 신고)
주소 • 서울시 은평구 통일로73길 31
전화 • 02-3144-8755, 8756
팩스 • 02-3144-8757

웹사이트 • www.chaosbook.co.kr
이메일 • info@chaosbook.co.kr
ISBN • 979-11-87486-53-4 93310
정가 • 25,000원

머리말

오늘날 우리는 매 순간 데이터를 마주합니다. 스마트폰으로 SNS를 보며 '좋아요'를 누를 때, 온라인 쇼핑몰에서 장바구니를 채울 때, 지도 앱으로 길을 찾을 때까지, 이 모든 순간에 빅데이터가 생성되고 쌓입니다. 이 데이터를 토대로 세상은 빠르게 변화하고 있습니다. 기업은 데이터를 기반으로 소비자 성향을 파악해 맞춤형 상품을 추천하고, 정부는 공공 데이터를 활용해 정책을 설계하고, 연구자들은 빅데이터 분석으로 새로운 과학적 사실을 발견합니다. 결과적으로 통계 분석과 빅데이터 활용 능력은 이제 전공을 불문하고 꼭 갖춰야 할 기본 역량이 되었습니다.

이 교재는 바로 '데이터 시대'에서 여러분이 통계 분석과 빅데이터를 쉽고 재미있게 익히도록 돕기 위해 기획되었습니다. 통계 분석과 빅데이터를 이야기하면 먼저 걱정과 막연한 두려움이 있을 수 있습니다.

"통계라고 하면 수식과 공식이 가득해 어렵지 않을까?"
"빅데이터는 특정 IT 전문가나 다루는 거 아닌가?"

이 책은 그러한 걱정과 막연한 두려움을 깨고, 실생활 속 예시와 친숙한 언어로 차근차근 개념을 풀어가려 합니다.

1부에서 통계 분석 기초를 다진 후, 2부에서는 빅데이터란 무엇이고 어떻게 다뤄야 하는지를 개괄적으로 살펴봅니다. 3부에서는 파이썬을 통해 여러분 스스로 데이터를 수집·분석·시각화하는 전 과정을 체험하며 통계와 빅데이터를 확실히 내 것으로 만들 수 있도록 구성했습니다.

데이터가 우리 앞에 펼쳐 내는 무궁무진한 가능성을 이 책으로 시작하고 직접 체감해 보세요. 소소한 일상에서부터 사회 전반에 이르기까지, 데이터를 관찰하고 해석하는 통계적 사고방식을 터득한다면, 어느 분야서건 '데이터의 힘'을 실감하게 될 것입니다.

여러분의 현재 일상과 미래 경험에 든든한 디딤돌이 되어 줄 이 책과 함께, 지금 바로 흥미롭고 실용적인 통계·빅데이터의 세계로 발걸음을 내디뎌 보시기를 바랍니다.

2025년 3월
저자

차례

제1부

통계 분석의 기초

1부 통계 분석의 기초는 데이터를 바라보는 가장 근본적인 시각, 즉 통계적 사고방식을 익히는 데 초점을 맞춘다.

1장에서는 통계가 단순히 '숫자의 나열'이 아니라, 의학·경제·마케팅 등 다양한 분야에서 의사 결정의 근거가 되고 있다는 점을 살펴본다. 실제로 우리 일상 속에도 크고 작은 통계의 활용 사례가 많으며, 이를 통해 세상을 좀 더 객관적이고 합리적으로 파악할 수 있음을 강조한다.

2장에서는 통계 분석의 출발점인 '기술 통계'와 '탐색적 데이터 분석(EDA)'을 다룬다. 평균·분산·표준편차 등과 같은 기본 지표를 통해 데이터 분포를 요약하는 방법을 배운 뒤, 히스토그램, 박스플롯, 산점도 등 다양한 시각화 기법으로 데이터를 직관적으로 이해하는 과정을 경험한다. EDA는 통계학 전반에 걸쳐 중요한 역할을 하며, 실제 분석에 앞서 데이터의 특징과 구조를 파악하는 핵심 단계이다. 통계에서 빼놓을 수 없는 확률 개념은 3장에서 본격적으로 다룬다. 우연해 보이는 현상도 일정한 규칙성이 있다는 사실을 이항 분포, 정규 분포 등의 예시를 통해 살펴본다. 이때 결합 확률과 조건부 확률, 독립성 등을 이해하면 실제 데이터 분석 시 발생할 수 있는 다양한 상황에 대비할 수 있다. 확률을 알면 왜 추정과 검정에서 특정 분포를 사용하는지, 왜 '유의미하다'고 말하는지를 명확히 이해할 수 있다.

4장에서는 작은 표본을 통해 전체 모집단을 추정하는 이론적·실무적 방법을 배운다. 점추정(평균, 비율 등)을 통해 데이터를 대변하는 대푯값을 구하고, 구간 추정을 통해 오차 범위를 추정한다. 표본 분포와 신뢰 구간 개념을 익히면 "우리가 얻은 데이터가 모집단을 얼마나 잘 보여 주는가?"라는 핵심 질문에 구체적 답변을 할 수 있다.

마지막 5장은 통계 분석의 꽃이라 불리는 가설 검정과 대표 분석 기법들의 개요를 다룬다. 가설 검정의 기본 절차와 오류 개념(1종, 2종), 유의 수준, p-value 등의 개념을 이해하고, t-검정이나 분산 분석, 회귀 분석, 카이제곱 검정처럼 가장 많이 활용되는 기법들을 간략히 소개한다. 이를 통해 실제 현장에서 어떤 절차를 밟아 통계적 결론을 도출하는지 워크플로 전체를 조망할 수 있다. 요컨대 1부는 통계학을 처음 접하거나, 그동안 어렵게만 느껴졌던 통계 이론을 체계적으로 이해하고 실무 적용의 기반을 다지는 여정이라 할 수 있다. 이어질 빅데이터 분석과 파이썬 실습에서도 흔들리지 않는 뿌리가 되어 줄 통계적 사고방식을 이 장들을 통해 탄탄히 구축해 보자.

## 제1장

통계란 무엇인가? - 숫자 뒤에 숨은 이야기

숫자와 그래프 뒤에 숨은 의미를 발견하는 통계의 기본 개념을 살펴 본다. 일상 속 다양한 사례를 통해 통계가 단순 계산이 아닌 '의미를 도출하는 도구'임을 깨달을 수 있다.

⊞ 학습 목표
- 통계의 개념과 역할을 이해하고 다양한 활용 분야를 파악한다.
- 일상 속 통계 사례를 통해 통계가 단순 계산이 아님을 인식한다.
- 통계적 사고방식이 의사 결정에 어떻게 기여하는지 깨닫는다.

⊞ 학습 내용
- 통계의 정의, 역할, 다양한 활용 분야 이해
- 일상 속 통계 사례(의학·경제·마케팅 등) 분석
- 통계적 사고방식이 의사 결정에 미치는 영향 파악

1. 통계의 개념과 활용 분야

통계(Statistics)는 단순히 평균, 표준편차, 비율 등을 계산하는 것에 그치지 않고, 데이터를 수집하고 정리하여 분석과 해석을 통해 의미 있는 정보를 도출하고, 이를 기반으로 의사 결정을 내리는 전 과정을 포함하는 활동이다. 다시 말해, 통계는 데이터를 통해 가치 있는 결론을 이끌어내는 학문적 및 실무적 활동 전체를 일컫는다.

데이터를 다루는 과정은 매우 폭넓다. 우선 설문 조사, 실험, 관찰 연구, 빅데이터 분석 등 다양한 방식으로 데이터를 수집하며, 수집된 자료는 누락 값 처리, 데이터 정제, 이상치 탐색 등의 과정을 거쳐 품질이 향상된다. 그 후 기초 통계량 계산부터 시작하여 가설 검정, 회귀 분석, 머신러닝 모델 적용 등 다양한 기법을 통해 자료의 의미를 해석하고, 마지막으로 통계적 근거를 바탕으로 "이 정책이 효과가 있다" 또는 "이 마케팅 전략이 매출을 높인다"와 같은 결론을 내어 의사 결정을 지원한다.

통계는 의학·보건 분야에서는 임상 시험, 질병 예측, 공중 보건 정책 수립 등에 활용되며, 경제·경영 분야에서는 매출 예측, 시장 조사, 금융 리스크 평가, 재고 관리, 고

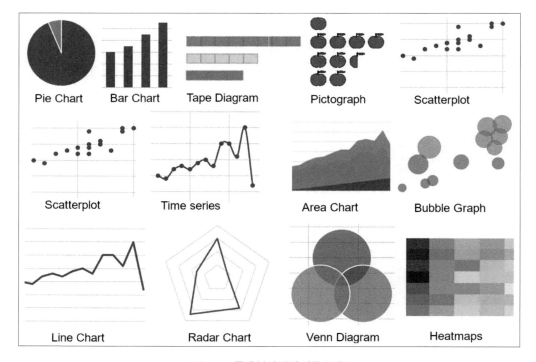

그림 1.1   통계 분석 관련 각종 그래프

객 세분화 등 다양한 의사 결정 과정에서 중요한 역할을 한다. 또한 사회과학 및 자연과학에서는 설문 조사나 실험 결과를 해석하여 이론을 검증하고 연구 가설을 입증하는 데 기여하며, 인문학 분야에서는 텍스트 마이닝을 통해 언어 사용 패턴을 분석하고 문헌 자료를 새로운 시각으로 연구하는 데 도움을 준다. 이처럼 통계는 단순한 숫자 계산 도구를 넘어, 사람들의 생활 전반을 보다 편리하고 과학적으로 개선하기 위한 다목적 수단으로 발전해 왔다.

2. 일상 속 통계

일상 곳곳에서 통계는 매우 중요한 역할을 수행한다. 여러 분야에서 데이터 분석을 통해 합리적인 의사 결정이 가능해지는 과정을 살펴보자.

● 의학 및 보건 분야

신약 개발 임상 시험의 경우, 제약 회사나 연구 기관이 신약의 안전성과 유효성을 임상 시험을 통해 검증하며, 약물 복용군과 위약(가짜 약) 복용군 간의 유의한 차이가 존재하는지를 가설 검정을 통해 판단한다. 또한, 예방 의학 및 공중 보건 정책 수립에서는 각종 질병의 발병률, 사망률, 재발률 등을 통계 분석으로 산출하여, 이를 바탕으로 특정 지역이나 연령대를 대상으로 우선적인 정책을 수립하고 의료 자원을 효율적으로 배분하는 데 활용된다.

● 경제·경영 분야

기업은 매출 자료, 시장 트렌드, 고객 구매 패턴 등을 종합적으로 분석하여 다음 분기나 다음 해의 생산량과 마케팅 전략을 결정한다. 예를 들어, 아이스크림 회사는 지역별 소비 성향과 기후 데이터를 고려하여 생산 계획을 수립한다. 금융 분야에서는 은행이 개인의 신용 점수와 금융 이력을 바탕으로 대출 이자율이나 승인 여부를 결정하며, 보험사는 가입자의 위험도를 분석하여 보험료를 책정하고 상품을 설계한다. 정부에서는 물가 상승률, 실업률, 경제성장률 등 거시 경제 지표를 검토하여 금리, 복지, 재정 정책 등 국가 경제 전반에 영향을 미치는 결정을 내린다.

● 마케팅 분야

온라인 쇼핑몰에서는 전환율, 재방문율, 장바구니 이탈률 등을 분석하여 소비자 행동을 파악하고, 웹사이트 개선이나 프로모션 전략을 수립한다. 또한 SNS나 검색 엔진 광고에서는 광고 노출 수, 클릭 수, 전환율 등을 측정하여 광고 효율성을 판단하며, 예산 대비 클릭 수나 전환 수를 객관적인 수치로 비교하여 광고 전략을 수정한다. 빅데이터 분석과 통계 기법의 결합으로 소셜미디어에 축적된 방대한 텍스트, 이미지, 영상 데이터를 분석하여 트렌드를 예측하거나 기업 이미지를 모니터링하는 것도 중요한 사례이다. 머신러닝 및 딥러닝 기법 또한 통계의 확률 이론에 기초하고 있으므로 통계를 잘 이해해야 더욱 정확하고 효율적인 분석이 가능하다. 이처럼 통계는 일상 속 수많은 의사 결정 과정에서 데이터를 근거로 과학적 판단을 내릴 수 있도록 중요한 역할을 수행한다.

3. 통계적 사고방식의 중요성

단순히 통계 기법을 사용하는 것을 넘어, 통계적 사고방식을 갖추는 것이 매우 중요하다. 통계적 사고방식이란 객관적 데이터를 바탕으로 가설을 세우고, 합리적인 방법으로 이를 검증하는 과정을 체화하는 것을 의미한다.

● 객관적 근거 확보

예를 들어 "이 신약은 실제로 효과가 있는가?" 혹은 "이 광고 전략이 매출에 긍정적 영향을 주는가?"와 같은 질문에 대해, 통계적 사고방식을 갖춘 사람은 데이터 분석을 통해 객관적 근거를 찾아내 무분별한 추측에서 벗어나 의사 결정의 정확도를 높인다(Freedman et al., 2007).

● 우연과 규칙의 구분

세상에는 우연처럼 보이는 현상이 많지만, 통계를 통해 특정 확률 분포나 규칙을 발견할 수 있다. 예를 들어, 특정 질병이 특정 연령층에서 더 많이 발병하거나, 특정 계절에 판매량이 급등하는 현상을 통계적으로 살펴보면, 그 안에 유의미한 규칙이 존재함을 알 수 있다. 만약 통계적 사고방식이 결여된다면, 이러한 현상을 단순히 '우연'으로 치부할 수 있으나, 실제로는 자료에 근거한 인과관계나 상관관계가 존재할 수 있다.

● 합리적 의사 결정

비즈니스 분야에서는 광고 효과를 극대화하기 위해 AB 테스트를 진행하여 어떤 디자인이 더 높은 전환율을 보이는지 통계적으로 검증하고, 정책 결정에서는 설문 조사와 지표 분석을 통해 어떤 계층에 복지 예산을 우선 투입해야 하는지 판단한다. 또한 개인 생활에서도 주식 투자나 가계부 관리를 통계적으로 수행하여 위험을 줄이고 성공 확률을 높일 수 있다.

● 빅데이터 시대의 핵심 역량

오늘날은 방대한 데이터가 실시간으로 생성되는 빅데이터 시대이다. 통계적 사고 방식은 이러한 데이터 속에서 핵심 정보를 걸러내고 활용하는 능력을 길러 주며, 다양한 분야에서 필수 역량으로 주목받고 있다.

● 나이팅게일의 통계 분석

그림 1.2의 다이어그램은 나이팅게일이 1856년에 제작한 '장미 도표(Rose Diagram)'로, 1차 세계대전 크림 전쟁 중 동부 전선에서의 군인 사망 원인을 월별로 보여 주는 혁신적 통계 시각화였다. 각 부채꼴 모양의 조각은 한 달을 나타내며, 조각의 면적은 사망자 수에 비례한다. 색상으로 구분된 세 가지 사망 원인을 보면, 붉은색은 전투 부상으로 인한 사망, 연한 노란색은 예방 가능한 전염성 질병으로 인한 사망, 갈색은 기타 원인으로 인한 사망을 나타낸다.

이 도표를 통해 나이팅게일은 충격적 사실을 드러내었다. 1854년 4월부터 1855년 1월까지의 기간 동안 전투로 인한 사망자보다 예방 가능한 질병으로 인한 사망자가

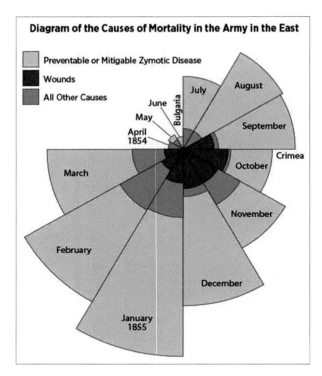

그림 1.2　나이팅게일의 환자 사망 원인 장미 도표 통계 시각화

훨씬 더 많았음을 명확하게 보여 준 것이었다. 특히 1854년 7월부터 1855년 초까지의 기간에 질병으로 인한 사망이 급증했음을 큰 노란색 부채꼴을 통해 확인할 수 있다. 이 시각적 증거는 당시 군대의 열악한 위생 상태와 의료 시스템의 개선 필요성을 강력하게 주장하는 근거가 되었다.

4. 통계 분석을 위한 파이썬 기초

● 파이썬 설치

https://www.python.org/에서 최신 버전의 Python 3.x.x를 다운로드하여 설치한다.

● 개발 환경 설정

IDLE(Python 기본 IDE) 또는 Visual Studio Code와 같은 텍스트 에디터를 사용한다.

● 첫 번째 프로그램 작성

```python
print("Hello, World!")
```

이 코드를 실행하면 "Hello, World!"가 출력된다. 이것이 프로그래밍의 시작이다.

● 기본 문법 실습

변수 선언

```python
x = 5
print(x)
```

이 코드는 변수 x에 5를 할당하고 출력한다.

조건문

```python
x = 5
if x > 0:
    print("양수")
```

이 코드는 x가 0보다 크면 "양수"를 출력한다.

반복문

```python
python
for i in range(5):
    print(i)
```

이 코드는 0부터 4까지의 숫자를 출력한다.

함수 정의 및 사용

```python
python
def greet(name):
    return f"안녕하세요, {name}님!"

print(greet("홍길동"))
```

이 코드는 greet 함수를 정의하고 "홍길동"을 인자로 호출하여 결과를 출력한다.

● 데이터 구조 활용

리스트

```python
python
numbers = [1, 2, 3, 4, 5]
print(numbers)
```

이 코드는 숫자 리스트를 생성하고 출력한다.

딕셔너리

```python
python
person = {"name": "Alice", "age": 30}
print(person)
```

이 코드는 이름과 나이를 포함한 딕셔너리를 생성하고 출력한다.

모듈 임포트

```python
import math
print(math.pi)
```

이 코드는 math 모듈을 임포트하고 π 값을 출력한다.

⚜ 실습 1.1 기본 통계량 계산

주어진 데이터의 기본적인 통계량(평균, 중앙값, 표준편차)을 계산한다.

```python
import numpy as np

# 데이터 생성
data = [1, 2, 3, 4, 5]

# 통계량 계산
mean = np.mean(data)
median = np.median(data)
std = np.std(data)

print("Mean: {mean}, Median: {median}, Standard Deviation: {std}")
```

● 설명

1. numpy 라이브러리를 사용하여 기본 통계량을 계산한다.
2. np.mean()은 평균, np.median()은 중앙값, np.std()는 표준편차를 계산하는 함수이다
3. 이 예제는 데이터의 중심 경향성(평균, 중앙값)과 퍼짐 정도(표준편차)를 보여 준다.

● 파이썬에서 코드 실행

1. IDLE를 실행

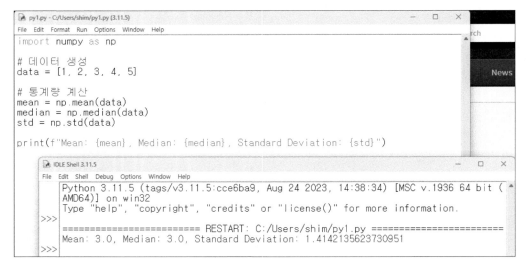

그림 1.3 평균, 표준편차의 계산

2. File 〉New File

3. 코드를 복사하여 붙여 넣는다.

4. Run 〉Run Module

5. 오류가 나오면 윈도우 하단의 [검색]에 cmd를 입력한다.

6. pip install numpy

⚜ 실습 1.2 간단한 데이터 시각화

주어진 데이터의 분포를 히스토그램으로 시각화한다.

```python
python
import numpy as np
import matplotlib.pyplot as plt

# 데이터 생성
np.random.seed(42)  # 재현성을 위한 시드 설정
data = np.random.normal(loc=0, scale=1, size=1000)  # 평균 0, 표준편차 1인 정규 분포에서 1000개의 샘플 생성
```

```
# 히스토그램 그리기
plt.hist(data, bins=30, edgecolor='black')
plt.title("Simple Histogram")
plt.xlabel("Value")
plt.ylabel("Frequency")
plt.show()
```

● 설명

1. numpy와 matplotlib.pyplot을 임포트한다.
2. np.random.normal()을 사용하여 평균이 0이고 표준편차가 1인 정규 분포에서 1,000개의 데이터 포인트를 생성한다.
3. plt.hist()를 사용하여 히스토그램을 그린다. bins=30은 히스토그램의 막대 수를 30개로 설정한다.
4. 제목과 x축, y축 레이블을 설정한다.
5. plt.show()로 그래프를 표시한다.

● 설치

코드를 복사하여 실행할 때 오류가 나오면 윈도우 [검색]에서 cmd를 입력하고 엔터키를 친다. 도스 프롬프트에서 pip install matplotlib를 입력한다.

● 실행

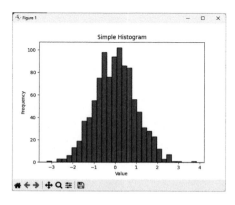

그림 1.4 히스토그램 데이터 시각화

📄 **요약**

　　1장에서는 통계가 단순히 숫자를 다루는 기술이 아니라 데이터를 통해 세상을 관찰·이해하는 강력한 도구라는 점을 살펴보았습니다. 현대사회에서 통계가 의학·경영·마케팅 등 분야를 막론하고 널리 활용되고 있으며, 그 밑바탕에는 통계적 사고방식이 자리하고 있습니다. 앞으로 이어질 장들에서 구체적인 통계 기법과 빅데이터 처리 과정을 배우게 될 텐데, 이 모두가 "숫자 뒤에 숨은 이야기를 찾아내는 과정"임을 기억한다면, 통계에 대한 흥미와 필요성을 더욱 깊이 체감할 수 있을 것입니다.

✐ **연습 문제**

(참/거짓)아래 문제에 대해 참(T)/거짓(F)으로 답하라.

1. 통계는 단순히 숫자를 계산하는 학문이 아니라, 데이터를 통해 의미를 해석하고 의사 결정을 돕는 학문이다. (T/F)

2. '통계적 사고방식'이란 주관적 믿음보다도 감(感)을 우선시하는 것을 의미한다. (T/F)
   (단답형)아래 문제에 단답형으로 답하고 빈칸을 채우라.

3. 일상 속 통계 활용 사례 중 하나로, 'A/B 테스트'를 주로 사용하는 분야는 어디인가?

4. 통계적 사고방식은 '_____ 근거'를 기반으로 판단을 내리는 방식이다.
   (서술형)아래 문제에 대한 답을 서술하라.

5. 통계적 사고방식이 실생활 문제 해결에 어떻게 기여할 수 있는지 예를 들어 간단히 설명하라.

_____

_____

_____

_____

## 제 2 장

기술 통계와 탐색적 데이터 분석(EDA): 데이터 요약하고 이해하기

    평균·분산 등 기본 통계량과 히스토그램·박스플롯 같은 시각화 기법을 활용해, 데이터가 가진 분포와 특징을 빠르게 파악하는 방법을 배웁니다. 본격 분석 전의 '탐색'이 왜 중요한지 체감할 수 있다.

  ⊛ 학습 목표

- 평균, 분산, 표준편차 등 기본 통계량을 계산하고 해석할 수 있다.
- 히스토그램, 박스플롯 등의 시각화를 통해 데이터 분포와 특징을 파악한다.
- EDA의 중요성을 체감하고, 실제 데이터에서 이상치·패턴 등을 발견해본다.

  ⊛ 학습 내용

- 평균, 분산, 표준편차 등 기술 통계 기초 개념 습득
- 히스토그램, 박스플롯, 산점도 등 시각화 기법 실습
- EDA의 절차와 이상치, 패턴 탐색 방법 체험

1. 기술 통계(Descriptive Statistics)의 기초

데이터를 효과적으로 분석하기 위해서는 전체적인 분포와 특성을 파악하는 것이 중요하다. 이를 돕는 방법이 기술 통계이며, 기술 통계를 통해 얻은 결과는 이후 진행될 추론 통계(가설 검정, 회귀 분석 등)의 사전 작업으로 활용되어 데이터셋에 대한 중요한 통찰을 제공한다.

평균은 자료 값의 합을 데이터 개수로 나눈 값으로 데이터의 중심 위치를 간단히 나타낸다. 예를 들어 한 학급의 시험 점수가 50, 70, 80점일 경우 평균은 다음과 같이 계산된다.

$$(50+70+80)/3 = 66.7$$

다만 평균은 극단값에 민감하여 데이터에 극단값이 존재하면 전체 특성을 파악하기 어려울 수 있다.

분산과 표준편차는 자료 값들이 평균을 기준으로 얼마나 퍼져 있는지를 측정하는 지표이다. 분산은 각 자료 값에서 평균을 뺀 차이를 제곱하여 평균화한 값, 표준편차는 분산에 제곱근을 취한 값이다. 이 값들이 클수록 데이터가 평균 주변에서 크게 흩어져 있음을 의미한다.

분위수는 데이터를 일정 구간으로 나누는 기준 값으로 4분위수, 10분위수, 퍼센트 점 등이 있다. 특히 4분위수는 데이터를 낮은 순에서 높은 순으로 정렬 후 네 구간으로 나누는 기준 값으로 1사분위수(Q1), 중위수(Q2), 3사분위수(Q3)가 사용되며, 이를 통해 데이터의 중앙값과 상하위 25% 구간 등을 파악할 수 있다. 이러한 지표들은 데이터의 전체적 윤곽을 명확히 보여 준다. 예를 들어 데이터셋의 평균이 높더라도 표준편차가 크면 일부 관측 값이 극단적으로 높거나 낮아 평균을 왜곡할 가능성이 있을 수 있다. 또한 중앙값과 사분위 범위(IQR)를 통해 데이터 분포의 치우침이나 특정 구간에 관측치가 몰려 있는지를 자세히 살펴볼 수 있다.

2. 데이터 시각화: 그래프로 한눈에 파악하기

숫자로 이루어진 통계 지표는 유용하지만 이를 직관적으로 이해하고 분포나 패턴을 한눈에 파악하기 위해서는 시각화가 필수적이다. 시각화 도구를 활용하면 단순 요약 통계만으로는 놓칠 수 있는 이상치, 변수 간 관계, 데이터 분포의 모양 등 중요한 정보를 확인할 수 있다.

히스토그램은 연속형 변수의 분포를 막대로 표현하며, 데이터 구간(빈)을 설정하여 각 구간에 속하는 관측 값의 빈도를 막대 높이로 나타낸다. 예를 들어 학생들의 키를 160~170cm, 170~180cm 구간으로 나누어 각 구간에 몇 명의 학생이 해당되는지를 막대로 시각화하면 분포의 형태와 좌우 치우침 여부, 봉우리 개수 등을 쉽게 파악할 수 있다.

박스플롯은 사분위 수에 기반하여 데이터의 최솟값, 최댓값, 중앙값, 사분위 범위를 상자 형태로 표시하며, 박스의 중앙선은 중위수를, 양 끝은 1사분위수(Q1)와 3사분위수(Q3)를 의미한다. 이를 통해 데이터의 전반적 분포와 이상치 여부를 빠르게 확인할 수 있다.

막대 그래프는 범주형 자료의 각 범주에 해당하는 빈도나 비율을 비교하는 데 적합하다. 예를 들어 상품 카테고리별 판매량을 막대 그래프로 나타내면 어느 카테고리가 가장 인기 많은지 한눈에 파악할 수 있다.

산점도는 두 변수 간의 관계, 즉 상관관계를 살펴보는 데 사용된다. 예를 들어 광고비와 매출액을 산점도로 표현하면, 광고비의 증감에 따른 매출액의 증감을 시각적으로 판단할 수 있다. 여기에 추세선을 추가하면 상관관계의 정도를 더욱 명확하게 파악할 수 있다.

이처럼 다양한 그래프를 적절히 활용하면 평균이나 표준편차, 사분위수 등으로 요약된 수치 정보를 심층적으로 해석할 수 있으며, 히스토그램이나 박스플롯을 통해 분포의 치우침이나 이상값 분포를 파악하여 데이터의 특수성이나 잠재적 오류를 조기에 발견할 수 있다.

3. EDA(Exploratory Data Analysis)의 개념과 실제 절차

탐색적 데이터 분석(EDA)은 본격적인 통계 분석 및 모델링 이전에 데이터를 폭넓게 탐색하고 이해하는 과정이다. 존 튜키가 강조한 이 방법론은 복잡한 가설 검정이나 예측 모델을 세우기 전, 데이터 자체가 지닌 특징을 충분히 관찰하여 가설을 보다 정교하게 설정하거나 분석 방향을 수정하는 데 목적이 있다.

EDA의 일반적 절차로는 먼저 변수(칼럼)의 의미, 데이터 수집 경로, 각 열의 데이터 타입(수치형, 범주형 등)을 확인하여 데이터를 이해한다. 또한 데이터를 수집·정리한 기관의 배경과 목적을 파악하면 데이터에 내재된 편향이나 제한 사항을 미리 인지할 수 있다. 그 다음 결측치, 이상치, 중복 데이터 등 품질을 저해하는 요인을 확인하고, 필요할 경우 이를 제거하거나 적절히 대체(imputation)하여 분석에 불필요한 오류가 발생하지 않도록 한다. 예를 들어 결측치가 많은 변수는 제외하거나 평균 또는 중앙값으로 대체할 수 있다.

이후 요약 통계값(평균, 표준편차, 사분위수, 최솟값, 최댓값 등)을 계산하여 데이터의 기본 분포를 파악하고, 히스토그램, 박스플롯, 막대 그래프, 산점도 등을 통해 분포의 형태, 이상치 여부, 변수 간 관계 등을 시각적으로 확인한다.

마지막으로 전처리 및 시각화를 통해 관찰된 중요한 패턴이나 문제점을 바탕으로 추가로 검토할 가설을 세우거나 분석 방향을 조정하며, 특정 범주에서 발생 빈도가 매우 높다면 그 이유를 추가 자료로 조사하거나 별도의 분석 대상으로 삼을 수 있다.

EDA 과정을 거치면 예상치 못한 데이터의 특성이나 불규칙성을 조기에 발견할 수 있으며, 이후 회귀 분석이나 머신러닝 모델링 과정에서 발생할 시행착오를 줄일 수 있다. 또한 충분한 EDA는 가설 설정을 명확하게 하여 분석 시간을 단축시키는 효과가 있다.

4. 실제 예제 데이터로 간단한 EDA 연습

실제 데이터를 직접 다루며 EDA를 체득하는 일은 매우 중요하다. 예를 들어 온라인 쇼핑몰 판매 데이터를 사용하여 구매 금액, 상품 카테고리, 회원 등급, 구매 시점 등을 포함한 데이터셋을 확보하고, 데이터의 출처와 수집·정리 방식을 파악한다.

이후 구매 금액의 평균, 최댓값, 최솟값, 표준편차, 사분위 수를 계산하여 전반적 분포를 파악한다. 예컨대 평균 구매 금액이 30,000원인데 표준편차가 50,000원에 달한다면 데이터가 크게 퍼져 있음을 의미한다.

히스토그램을 통해 구매 금액이나 구매 횟수의 분포를 시각적으로 확인하고, 막대 그래프를 사용하여 상품 카테고리별 판매량을 비교함으로써 어느 분야가 매출을 주도하는지 파악할 수 있다.

박스플롯을 활용하여 구매 금액의 이상치 여부를 빠르게 확인하고, 극단적인 구매 금액을 가진 고객이 실제로 큰 금액을 지출한 것인지, 데이터 오류인지를 도메인 지식을 통해 검증한다. 또한 회원 등급별 평균 구매 금액을 비교하여 등급이 높은 고객일수록 통계적으로 유의하게 높은지를 검토하고, 특정 지역이나 시간대에 구매가 집중되는 패턴을 발견하여 마케팅 전략이나 재고 관리 방안을 마련할 수 있다.

추가로 변수 간 상관관계, 예를 들어 구매 횟수와 회원 등급의 관계나 상품 카테고리와 계절성 간 연관성을 탐색하며, 날짜와 시간대를 나누어 구매 패턴을 살펴 피크타임이나 주말 효과를 확인할 수 있다.

⚜ 실습 2.1 기술 통계 요약

데이터 프레임의 기술 통계를 요약하여 보여 준다.

● 설치

도스 프롬프트를 열고 pip install pandas를 입력하여 설치한다.

```python
import pandas as pd

# 데이터 생성
df = pd.DataFrame({'A': [1, 2, 3, 4, 5], 'B': [10, 20, 30, 40, 50]})
```

```
# 기술 통계 요약
print(df.describe())
```

● 결과

```
          A          B
count  5.000000   5.000000
mean   3.000000  30.000000
std    1.581139  15.811388
min    1.000000  10.000000
25%    2.000000  20.000000
50%    3.000000  30.000000
75%    4.000000  40.000000
max    5.000000  50.000000
```

● 설명

1. pandas 라이브러리를 사용하여 데이터 프레임을 생성하고 분석한다.
2. describe() 메서드는 각 열의 개수, 평균, 표준편차, 최솟값, 4분위수, 최댓값을 계산한다.

이 요약을 통해 데이터의 전반적인 특성을 빠르게 파악할 수 있다.

2. 산점도 그리기
두 변수 간의 관계를 시각화한다.

● 설치

도스 프롬프트를 열고 "pip install seaborn"을 입력한다.

```python
python

import seaborn as sns
import matplotlib.pyplot as plt
import pandas as pd

# 데이터 생성
df = pd.DataFrame({'A': [1, 2, 3, 4, 5], 'B': [10, 20, 30, 40, 50]})

sns.scatterplot(data=df, x='A', y='B')
plt.title("Scatter Plot")
plt.show()
```

● 결과

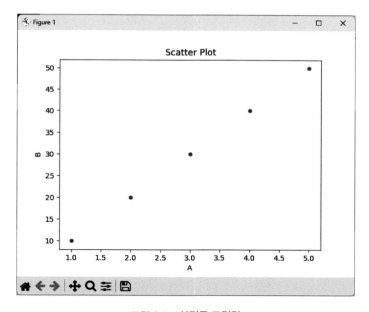

그림 2.1   산점도 그리기

● 설명

1. seaborn 라이브러리를 사용하여 산점도를 그린다.
2. sns.scatterplot()은 x축과 y축에 지정된 열의 값을 점으로 표시한다.

이 그래프를 통해 두 변수 간의 상관관계나 패턴을 시각적으로 확인할 수 있다.

 요약

2장에서는 통계 분석의 첫 단추라 할 수 있는 기술 통계와 탐색적 데이터 분석(EDA)의 개념 및 절차를 살펴보았다. 단순히 숫자를 요약하는 기술 통계부터 다양한 시각화 기법까지 습득하면, 데이터가 어떤 형태로 분포하며 어떤 특이점이 있는지를 한눈에 파악할 수 있다. 또한 본격적인 분석에 앞서 EDA를 충분히 수행하면, 예상치 못했던 문제나 인사이트를 발견하는 데 큰 도움이 된다. 앞으로 진행될 통계 분석 단계에서도 계속해서 기술 통계와 EDA를 활용해 데이터를 더 깊이 이해하고, 보다 정교한 결론을 도출해 나갈 수 있다.

✍ 연습 문제

(참/거짓)아래 문제에 대해 참(T)/거짓(F)으로 답하라.

1. 평균, 분산, 표준편차 등은 모두 기술통계에 속한다. (T/F)
2. 박스플롯(Boxplot)은 범주형 데이터의 빈도를 비교하는 데 가장 적합한 그래프다. (T/F)

(단답형)아래 문제에 단답형으로 답하고 빈칸을 채우라.

3. 데이터 분포의 치우침(skewness) 여부를 가장 직관적으로 확인할 수 있는 그래프는?
4. EDA는 '____ 적'으로 데이터를 탐색하고 이해하는 과정이다.

(서술형)아래 문제에 대한 답을 서술하라.

5. EDA 과정에서 이상치를 발견했을 때, 분석자가 취할 수 있는 조치는 무엇인지 예를 들어 간단히 설명하세요.

_____

_____

_____

_____

제3장

확률의 세계: 우연과 규칙성

동전 던지기처럼 우연에 맡겨진 상황에서도 정규 분포, 이항 분포 등 확률 분포를 알면 일정한 규칙을 찾을 수 있습니다. 추정과 검정의 기반이 되는 확률 이론을 탄탄히 다지는 장이다.

🎲 학습 목표
- 표본 공간, 확률 분포 등 확률의 기본 원리를 이해한다.
- 이항 분포, 정규 분포 등 대표적인 확률 분포의 특징을 파악한다.
- 확률 개념이 통계 분석(추정·검정)과 어떻게 연결되는지 살펴본다.

🎲 학습 내용
- 표본 공간, 사건, 확률 분포 등 확률의 기본 개념 학습
- 이항 분포·정규 분포 등 대표 분포들의 특징 파악
- 확률 이론이 추론 통계(추정·검정)와 연결되는 원리 이해

1. 확률의 기본 개념 (표본 공간, 사건, 확률 법칙)

현실 세계에서는 동전을 던졌을 때 앞면이 나올지 뒷면이 나올지, 오늘 날씨가 맑을지 비가 올지, 주사위를 굴렸을 때 6이 나올 확률이 얼마인지와 같이 인간의 직관만으로는 예측하기 어려운 불확실한 상황이 많다. 이러한 우연적 현상을 수치적으로 다루기 위해 확률 이론이 필요하다. 확률 이론은 불확실성을 체계적이고 논리적으로 이해할 수 있게 해 주는 중요한 도구이다.

표본 공간은 동전을 한 번 던졌을 때의 결과인 {앞, 뒤}나 주사위를 한 번 굴렸을 때의 결과인 {1, 2, 3, 4, 5, 6}처럼 가능한 모든 결과의 집합을 의미하며, 분석 대상이 되는 시행에서 일어날 수 있는 모든 경우를 배제 없이 포함해야 한다. 사건은 표본 공간의 부분 집합으로 하나 이상의 특정 결과를 묶어 놓은 것이다. 예를 들어 동전을 두 번 던졌을 때 '앞면이 한 번만 나오는 사건'은 (앞, 뒤)와 (뒤, 앞)을 포함하는 집합으로 정의할 수 있다.

확률 법칙은 사건이 일어날 확률을 0과 1 사이의 값으로 정의한다. "P(A)=0"은 "사건 A는 전혀 일어나지 않는다"는 의미를, "P(A)=1"은 "사건 A가 반드시 일어난다"는 의미를 갖는다. 모든 가능한 사건의 확률을 합하면 1이 되며, 이러한 확률 개념을 명확히 정립하면 단순한 직관과 감에만 의존하지 않고 체계적이며 재현 가능한 방식으로 불확실성을 다룰 수 있다. 예를 들어 로또 당첨 확률이나 기상청 예보에 따른 비 올 확률 등을 구체적 수치와 원리로 제시할 수 있으며, 이는 투자, 보험, 도박, 의학 연구 등 다양한 현실 문제에 광범위하게 활용된다.

확률의 기본 개념을 잘 이해하면 결합 확률, 조건부 확률 등 응용 개념과 확률 분포를 이해하는 데 큰 도움이 되며, 이는 곧 통계 분석 및 데이터 과학 전반의 이해도를 결정하는 중요한 열쇠이다.

2. 결합 확률, 조건부 확률, 독립성 개념

현실에서 발생하는 사건들은 대부분 서로 독립적으로 일어나지 않는다. 예를 들어 비가 오는 날에는 도로가 미끄러워 사고가 발생할 확률이 높아지고, 한 사람이 특정 질병에 걸리면 그 사람과 밀접 접촉한 사람도 질병에 걸릴 가능성이 커진다. 이러한 상황에서 두 사건이 동시에 발생할 확률을 결합 확률이라고 하며, 수식적으로는 다음과 같이 표현된다.

$$P(A \cap B)$$

'비가 오면서 동시에 바람까지 강하게 부는 경우'나 '단팥빵을 사면서 동시에 우유를 구매하는 소비자 비율' 등의 상황이 결합 확률의 예가 된다.

조건부 확률은 특정 사건이 이미 일어났다는 정보를 바탕으로 다른 사건이 일어날 확률을 의미하며, 그 수식적 표현은 다음과 같이 표현된다.

$$P(A \mid B)$$

위 수식적 표현은 'P(A∩B)를 P(B)로 나눈 값'으로 정의된다.

예를 들어, 어떤 사람이 흡연자라는 사실을 알고 있는 경우, 그가 폐 질환에 걸릴 확률을 구하는 데 사용된다. 조건부 확률은 의학, 보험, 금융 등 여러 분야에서 위험도를 계산하고 예측하기 위한 핵심 개념이다.

독립성은 두 사건이 서로 영향을 주지 않는 관계를 의미하며, 만약 두 사건이 독립이라면 P(A∩B)는 P(A)와 P(B)의 곱과 같아진다. 즉,

$$P(A \cap B) = P(A) \times P(B)$$

두 개의 동전을 동시에 던졌을 때 두 동전이 각각 앞면 또는 뒷면이 나오는 것은 독립적이라 할 수 있으나, 기상 조건과 교통 사고 발생의 확률은 서로 독립적이라고 보기 어렵다. 실제 데이터 분석 상황에서도 두 변수(사건)가 독립인지 여부를 확인하는 것은 올바른 통계 모델을 적용하는 데 매우 중요한 역할을 한다. 조건부 확률 개념은 베이지안 추론에서도 핵심 역할을 하므로 결합 확률, 조건부 확률, 독립성 개념을 잘 이해해 두면 복잡한 확률적 현상을 체계적으로 해석하고 예측할 수 있다.

3. 확률 분포

확률 분포는 확률 변수가 가질 수 있는 모든 값과 해당 값이 일어날 확률 사이의 관계를 나타내는 함수 또는 표로, 다양한 통계 분석과 모델링 과정에서 필수적으로 사용된다.

실제 데이터 분석에서 자주 활용되는 확률 분포 중 하나인 이항 분포는 시행이 반복되는 과정에서 각 시행마다 '성공'과 '실패' 두 가지 결과만 가능한 상황에서 성공이 k번 나타날 확률을 다루는 이산형 확률 분포이다. 예를 들어 동전을 10번 던졌을 때 앞면이 정확히 3번 나올 확률을 이항 분포로 구할 수 있으며, 파라미터로 시행 횟수 n과 각 시행에서 성공할 확률 p를 사용하여 다음과 같이 정의된다.

$$P(X=k)가 \ (nCk) \ p^k \ (1-p)^{(n-k)}$$

이항 분포는 제품 불량률, 환자의 치료 성공률, 설문 조사에서 특정 응답 선택 확률 등 반복적이고 독립적인 이분형 결과가 주어진 상황에서 널리 쓰인다.

정규 분포는 연속형 확률 분포 중 가장 널리 알려져 있으며, 그래프 모양이 종(bell) 형태를 이루는 것이 특징이다. 확률 변수 X가 평균(μ)과 표준편차(σ)인 정규 분포를 따를 때, 다음과 같이 표현된다.

$$X \sim N(\mu, \sigma^2)$$

자연과학이나 사회과학의 많은 현상에서 데이터가 정규 분포에 근접하거나 표본 평균이 정규 분포를 따르는 경우가 많아 통계학에서는 정규 분포를 전제로 하는 가설 검정, 신뢰 구간 계산, 회귀 분석 등이 활발히 활용된다. 이외에도 데이터 특성에 따라 포아송 분포(단위 시간이나 공간에서 발생하는 사건의 횟수), 지수 분포(사건 발생까지 걸리는 시간 또는 부품의 수명), 균일 분포(특정 구간 내 모든 값이 동일한 확률) 등이 적용될 수 있으며, 어떤 분포를 사용할지는 분석 대상 데이터의 특성과 가정에 따라 결정된다.

4. 확률과 통계 분석의 연계

확률 이론은 통계학 전반의 기초를 이루며, 통계적 추론의 핵심 원리를 뒷받침한다. 즉, 불확실성을 정량화하는 확률 개념이 없다면 표본에서 얻은 결과를 바탕으로 전체 모집단을 추정하는 통계학의 기본 목표를 달성하기 어렵다.

추정은 표본에서 얻은 통계량, 예를 들어 표본 평균이나 표본 비율을 이용하여 전체 모집단의 모수(모평균, 모비율 등)를 추정하는 과정이다. 예를 들어 전국 2,000명을 대상으로 여론 조사를 실시한 후, 전체 인구의 지지율을 추정할 때 표본 평균과 그 주변의 신뢰 구간을 구하는 것이 이에 해당된다. 이 과정에서 표본 평균이 정규 분포를 따른다는 가정이나 표본 평균의 분산을 추정하기 위한 확률적 계산이 필요하다.

가설 검정은 "이 새로운 약물의 효과는 기존 약물보다 우수하다" 혹은 "두 그룹의 평균에는 차이가 없다"와 같은 가설이 참인지 거짓인지를 표본 데이터를 활용해 검증하는 절차이다. 검정 통계량과 유의 확률(p-value)을 계산하는 과정 역시 확률 분포에 기반한다. 예를 들어 t-검정은 데이터가 정규 분포를 따른다는 가정하에, 카이제곱 검정은 카이제곱 분포를 기반으로 진행된다. 가설 검정에서 설정하는 '유의 수준 5%'와 같은 기준은 표본에서 드러난 결과가 단지 우연으로 발생할 확률이 5% 이하일 때 가설을 기각한다는 확률적 판단의 원리를 반영한다.

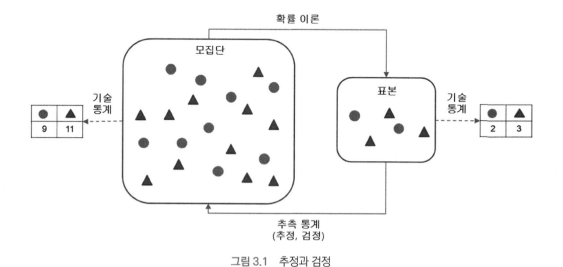

그림 3.1 추정과 검정

이처럼 확률 이론은 추정, 검정, 예측 모델링 등 거의 모든 통계 분석 단계에서 핵심적 역할을 수행하며, 확률에 대한 이해 없이는 표본이 왜 모집단을 대표할 수 있는지, 가설 검정에서 유의 확률이 어떻게 계산되는지 등을 제대로 해석하기 어렵다. 현대의 머신러닝이나 인공지능 분야에서도 확률적 사고는 매우 중요한 역할을 하며 의사 결정 나무, 랜덤 포레스트, 베이지안 모델 등 다양한 기법들이 확률 이론을 기초로 설계되어 결과를 예측하고 불확실성을 추정한다. 결국 확률은 우연적 현상을 수리적으로 다루고 결과를 "얼마나 일어날 만한 일인지" 수치화함으로써 통계학이 소수의 표본에서 전체 모집단의 특성을 추정하고 검정을 통해 결론을 도출하는 데 필수적 역할을 수행한다.

⚜ 실습 3.1 이항 분포 시뮬레이션

이항 분포의 확률질량함수(PMF)를 시각화한다.

● 설치

도스 프롬프트에서 pip install scipy을 입력하여 설치한다.

```python
from scipy.stats import binom
import matplotlib.pyplot as plt

n, p = 10, 0.5 # 시행 횟수와 성공 확률
x = range(n+1)
pmf = binom.pmf(x, n, p)

plt.bar(x, pmf)
plt.title("Binomial Distribution")
plt.xlabel("Number of Successes")
plt.ylabel("Probability")
plt.show()
```

● 결과

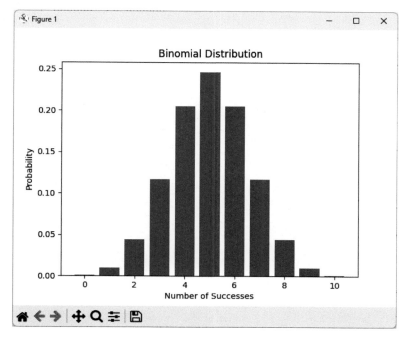

그림 3.2 이항 분포 시뮬레이션

● 설명

1. scipy.stats의 bino 모듈을 사용하여 이항 분포를 시뮬레이션한다.
2. n은 시행 횟수, p는 각 시행의 성공 확률이다.
3. binom.pmf()는 각 성공 횟수에 대한 확률을 계산한다.
4. 막대 그래프로 시각화하여 이항 분포의 형태를 보여 준다.

✤ 실습 3.2 정규 분포 시뮬레이션

표준 정규 분포의 확률밀도함수(PDF)를 시각화한다.

```python
from scipy.stats import norm
import numpy as np
```

```
import matplotlib.pyplot as plt

x = np.linspace(-3, 3, 100)
y = norm.pdf(x, 0, 1)

plt.plot(x, y)
plt.title("Standard Normal Distribution")
plt.xlabel("Value")
plt.ylabel("Probability Density")
plt.show()
```

● 결과

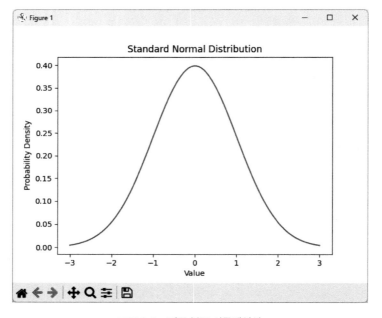

그림 3.3   정규 분포 시뮬레이션

● 설명

1. scipy.stats의 norm 모듈을 사용하여 정규 분포를 시뮬레이션한다.

2. np.linspace()로 -3에서 3까지 100개의 균등한 간격의 점을 생성한다.

3. norm.pdf()는 각 점에서의 확률 밀도를 계산한다.

4. 선 그래프로 시각화하여 정규 분포의 종 모양 곡선을 보여 준다.

요약

이 장에서는 우연과 규칙성을 파헤치는 열쇠인 확률의 개념을 살펴보았습니다. 표본 공간과 사건, 독립성과 조건부 확률 같은 기본 원리를 배우면, 일상 속의 불확실한 상황도 합리적인 수치로 접근할 수 있다. 이항 분포, 정규 분포 등 다양한 확률 분포는 실제 데이터를 분석할 때 가정하거나 검정해야 하는 근간이 되며, 나아가 추정과 검정 등 통계적 추론 작업에도 필수적으로 활용된다. 불확실한 세상을 이해하는 데 확률과 통계만큼 강력한 도구는 없다는 점을 기억하며, 다음 장에서 이어질 추정과 가설 검정 개념도 함께 익혀보길 기대한다.

✎ 연습 문제

(참/거짓)아래 문제에 대해 참(T)/거짓(F)으로 답하라. (T/F)

1. 동전을 던졌을 때 앞면이 나올 확률이 0.5라는 것은, 단 한 번의 시도에서도 정확히 50%를 보장한다는 의미이다. (T/F)

2. 이항분포는 '성공 또는 실패'처럼 두 가지 결과가 반복될 때 적용된다. (T/F)

   (단답형)아래 문제에 단답형으로 답하고 빈칸을 채우라.

3. "독립 사건 A와 B"일 때, $(P(A \cap B)) = (P(A) \times$ ____ .)

4. 보통 키나 혈압 등 자연 현상의 분포에 따르는 '종 모양' 분포를 무엇이라 하는가?

   (서술형)아래 문제에 대한 답을 서술하라.

5. 확률 분포를 왜 통계적 추정(표본 평균, 표본 비율 등)에 적용할 수 있는지 간단히 설명하세요.

_____

_____

_____

_____

추정: 작은 샘플로 전체를 이해하기

전부 조사하기 어려운 큰 모집단을 작은 표본으로 유추하는 원리를 배운다. 점 추정과 신뢰 구간 개념을 통해 "우리 데이터가 전체를 얼마나 잘 대변하는가?"라는 질문에 답한다.

⊛ 학습 목표

- 표본 추출과 표본 분포 개념을 이해하고, 모집단을 추정하는 과정을 익힌다.
- 점 추정과 구간 추정의 차이점을 알고, 신뢰 구간을 해석할 수 있다.
- 실제 데이터를 이용해 간단한 추정 실습을 수행하고 의미를 해석한다.

⊛ 학습 내용

- 표본 추출과 표본 분포 개념을 통한 모집단 추정 원리 이해
- 점 추정, 구간 추정(신뢰 구간)과 그 해석 방법 실습
- 실제 데이터로 추정 실습하며 오차와 불확실성 다루기

1. 표본 추출과 표본 분포

모집단의 규모가 너무 커서 모든 구성원을 조사하기 어려운 경우, 대표성 있는 일부 데이터를 추출하여 전체 모집단의 특성을 추정하는 방법을 사용한다. 연구자는 관심 있는 모집단에서 일부분만 뽑아 정보를 얻는데, 이를 표본 추출이라 한다. 표본의 크기가 클수록 모집단을 더 정확하게 추정할 수 있으나 시간과 비용이 증가하는 문제가 있다.

표본 추출 방식에 단순 무작위 추출이 있다. 이는 모집단의 모든 구성원이 동일한 확률로 뽑히도록 임의로 하나씩 선택하는 방식이다. 또 다른 방식으로는 모집단을 지역, 연령대, 성별 등으로 나눈 후 각 층에서 무작위로 표본을 뽑는 층화 추출이 있으며, 군집 추출은 학교나 지역구 등 집단 단위로 표본을 선정하는 방법이다.

표본을 추출할 때 특정 그룹에만 편중되면 모집단을 올바르게 대표하지 못해 분석 결과가 왜곡될 수 있다. 같은 크기의 표본을 여러 번 추출하여 계산한 통계량(예, 표본 평균, 표본 비율)들이 이루는 분포를 표본 분포라 한다. 표본 분포의 형태는 모집단의 분포와 표본의 크기에 따라 달라지며, 중심 극한 정리에 따르면 모집단 분포가 어떠하든 표본 크기가 충분히 크면 표본 평균의 분포는 정규 분포에 근접하게 된다. 이를 통해 전수 조사가 어려운 상황에서도 모집단에 대한 신뢰도 높은 추론을 수행할 수 있다.

2. 점 추정과 구간 추정

모집단의 특성을 나타내는 모수(예, 평균, 분산, 비율)를 추정하기 위해 표본에서 계산한 통계량을 활용하는 과정을 추정이라 한다.

점 추정은 하나의 숫자로 모집단의 모수를 추정하는 방식이다. 예컨대 "어떤 도시 남성의 평균 키는 170.5cm이다"라고 단정하는 경우이다. 표본 평균이나 표본 비율이 대표적인 점 추정량으로 사용된다. 점 추정은 직관적이고 간단하여 의사 결정 시 유용하지만, 단일 값만 제시하므로 오차와 불확실성을 반영하지 못한다.

구간 추정은 추정값의 범위를 제시하며, 그 범위가 실제 모수를 포함할 가능성을 특정 신뢰 수준(예, 90%, 95%, 99%)으로 표현한다. 예를 들어 "95% 신뢰 수준에서 이 도시의 평균 키는 168.0cm에서 172.0cm 사이일 것이다"와 같이 진술하면, 단순한 점 추정보다 추정의 불확실성을 보완하여 보다 정확한 정보를 제공한다.

3. 신뢰 구간의 해석

구간 추정을 통해 생성된, 앞서 예를 든 한 도시의 평균키에 대한 신뢰 구간은 다음과 같이 표현된다.

"95% 신뢰 수준에서 [168.0, 172.0]이다."

이 신뢰 구간은 같은 방법으로 여러 번 표본 추출과 구간 추정을 반복했을 때, 그 구간들 중 약 95%가 실제 모수를 포함할 것임을 의미한다. 신뢰 구간을 단순히 "95% 확률로 모집단 평균이 이 구간 안에 있다"고 해석하는 것은 빈도주의적 관점에서는 적절치 않으며, 올바른 해석은 "반복 실험을 통해 구간의 상당수가 참 값을 포함한다"는 의미를 가진다.

신뢰 구간은 점 추정에서 발생할 수 있는 오차를 명확히 보여 주어 정책 수립이나 연구 결과 발표 시 더 신뢰할 만한 정보를 제공한다.

4. 실제 예제 데이터로 구간추정 실습

실제 데이터를 활용하여 구간 추정 과정을 체험할 수 있다. 예를 들어 한 도시에서 무작위로 500명의 성인 남성을 선정해 키를 측정했다고 가정한다. 이 표본 데이터는 전체 남성 인구의 평균 키를 추정하기 위한 기초 자료가 된다. 측정된 데이터에서 이상치나 결측치가 있는지 확인한 후, 표본 평균과 표본 표준편차를 산출한다. 예를 들어, 표본 평균이 170.5cm이고 표본 표준편차가 5.8cm라면, 히스토그램이나 박스플롯 등을 통해 데이터 분포가 대체로 정규 분포에 근접하는지 확인한다.

일반적으로 95% 신뢰 수준을 적용할 경우, 유의 수준 α는 0.05로 설정하고 좌우 꼬리에 각각 0.025씩 할당한다. 표본 크기가 충분히 크다면 정규 분포를 사용하여 임곗값을 구할 수 있으며, 95% 신뢰 수준에서는 z 값이 약 1.96이다. 표준 오차는 표본 표준편차를 표본 크기의 제곱근으로 나누어 계산한다. 예를 들어 s가 5.8, n이 500이면 표준 오차는 약 0.26이 된다. 신뢰 구간은 표본 평균에 z 값과 표준 오차의 곱을 더하고 빼는 방식으로 다음과 같이 계산된다.

$$170.5 \pm 1.96 \times 0.26 = [169.99, 171.01]$$

이 신뢰 구간은 "이 도시 남성의 평균 키가 대략 170cm 안팎일 가능성이 매우 높다"는 결론을 내릴 수 있게 해 주며, 만약 다른 표본을 뽑아도 구간이 조금씩 달라지겠지만 반복 측정을 통해 그 중 약 95%가 실제 모평균을 포함할 것이라는 것을 보여 준다. 이러한 구간 추정 결과는 의료 정책 수립, 기업의 마케팅 전략 등 다양한 분야에서 점 추정보다 풍부한 정보를 제공하여 의사 결정에 큰 도움을 준다.

⚜ 실습 4.1 신뢰 구간 계산

표본 데이터로부터 모평균의 95% 신뢰 구간을 계산한다.

```python
import numpy as np
from scipy import stats

# 데이터 생성
np.random.seed(42) # 재현성을 위한 시드 설정
data = np.random.normal(loc=0, scale=1, size=100) # 평균 0, 표준편차 1인
정규 분포에서 100개 샘플 추출

# 신뢰 구간 계산
confidence_interval = stats.t.interval(confidence=0.95, df=len(data)-1,
loc=np.mean(data), scale=stats.sem(data))
print(f"95% Confidence Interval: {confidence_interval}")
```

● 결과

```
95% Confidence Interval: (np.float64(-0.284046836361901), np.flo
at64(0.07635380157371327))
```

● 설명

1. numpy를 사용하여 정규 분포에서 무작위 샘플을 생성한다.
2. scipy.stats의 t.interval()을 사용하여 t-분포 기반의 신뢰 구간을 계산한다.
3. alpha=0.95는 95% 신뢰 수준을 의미한다.
4. df는 자유도로, 샘플 크기에서 1을 뺀 값이다.
5. loc는 표본 평균, scale은 표준오차이다.

⚜ 실습 4.2 부트스트랩 추정

부트스트랩 방법을 사용하여 평균의 신뢰 구간을 추정한다.

● 설치

도스 프롬프트에서 pip install scikit-learn을 입력하여 설치한다.

```python
python
from sklearn.utils import resample
import numpy as np

# 데이터 생성
np.random.seed(42) # 재현성을 위한 시드 설정
data = np.random.normal(loc=0, scale=1, size=100) # 평균 0, 표준편차 1인
정규 분포에서 100개 샘플 추출

# 부트스트랩 추정
bootstrap_means = [np.mean(resample(data)) for _ in range(1000)]
print(f"Bootstrap 95% CI: {np.percentile(bootstrap_means, [2.5, 97.5])}")
```

● 결과

```
Bootstrap 95% CI: [-0.27233642 0.06285149]
```

● 설명

1. sklearn.utils의 resample()을 사용하여 부트스트랩 샘플을 생성한다.
2. 1,000번의 리샘플링을 수행하고, 각 샘플의 평균을 계산한다.
3. np.percentile()을 사용하여 부트스트랩 평균의 2.5번째와 97.5번째 백분위수를 계산한다.

이 방법은 분포에 대한 가정 없이 신뢰 구간을 추정할 수 있다.1

📄 **요약**

4장에서는 작은 표본으로부터 전체 모집단을 이해하는 핵심 원리인 추정에 대해 살펴보았다. 1. 표본 추출과 표본 분포를 통해 '부분으로부터 전체를 유추'하는 통계학적 사고방식을 배웠고, 2. 점 추정과 구간 추정으로 나누어 직접 모집단의 모수(평균, 비율 등)를 추론하는 방법을 익혔으며, 3. 무엇보다 신뢰 구간과 그 해석을 정확히 이해하는 것이 중요하며, 실제 데이터 예시를 통해 구간 추정을 계산해 봄으로써 실무 적용 감각을 키울 수 있다.

다음 장에서 통계 분석의 꽃이라 불리는 가설 검정에 대해 배우면서, 이렇게 구한 추정치를 어떻게 '의미 있는 결론'으로 연결지을 수 있는지 살펴볼 것이다.

✍ 연습 문제

(참/거짓)아래 문제에 대해 참(T)/거짓(F)으로 답하라. (T/F)

1. 점 추정(point estimation)은 신뢰 구간 추정보다 모집단 파라미터 불확실성을 더 잘 반영한다. (T/F)

2. "95% 신뢰수준에서 구간 [100, 110]"은 모집단 평균이 무조건 이 구간 안에 든다는 의미다. (T/F)

(단답형)아래 문제에 단답형으로 답하고 빈칸을 채우라.

3. 구간 추정에서 표본 평균 대비 얼마나 떨어져 있는지 나타내는 값은 '표준____' 이다.

4. 작은 표본으로 전체를 추정할 때 활용되는 기법으로, n<30일 때 주로 쓰는 확률 분포는 무엇인가?

(서술형)아래 문제에 대한 답을 서술하라.

5. 신뢰 구간이 넓어질 때와 좁아질 때, 각각 어떤 해석상의 차이가 있는지 간단히 서술하라.

_____

_____

_____

_____

_____

제5장

통계적 가설 검정: 분석 기법 개요

t-검정, 분산 분석, 회귀 분석 등 다양한 통계적 가설 검정 기법을 간단히 살펴보며, p-value와 1종, 2종 오류 같은 핵심 개념을 이해합니다. 실제 분석의 중심이 되는 '가설 검정' 절차를 익히는 장입니다.

✦ 학습 목표
- 가설 검정의 절차와 귀무 가설, 대립 가설의 개념을 명확히 이해한다.
- 1종 오류, 2종 오류, p-value, 유의 수준 등의 핵심 용어를 숙지한다.
- t-검정, ANOVA, 회귀 분석, 카이제곱 검정 등 대표 기법을 개괄적으로 살펴본다.

✦ 학습 내용
- 가설 검정의 절차, 귀무 가설, 대립 가설 설정 방법 학습
- 1종·2종 오류, 유의 수준, p-value 등 핵심 개념 이해
- t-검정, ANOVA, 회귀 분석, 카이제곱 검정 등 대표 기법 개괄

1. 가설 검정의 개념과 절차

통계적 가설 검정은 어떤 주장이 사실인지 아닌지를 데이터로 판단하는 체계적 절차이다. 사회과학, 자연과학, 의학, 공학 등 여러 분야에서 실험이나 관측을 통해 얻은 표본 데이터를 바탕으로 특정 이론이나 주장을 평가할 때 널리 활용된다. 예를 들어 "새로 개발한 약물이 기존 약물보다 효과적인가?", "광고 A와 광고 B 중 어느 쪽이 매출 증대 효과가 더 큰가?", "이 기업의 직무 교육 프로그램이 직원들의 생산성을 실제로 높였는가?" 등의 질문에 답하기 위해 가설 검정을 수행한다.

먼저 연구자는 귀무 가설과 대립 가설을 설정한다. 귀무 가설은 현재까지 받아들여진 상태나 '차이가 없다'는 가정이다. 예를 들어 "새 약물과 기존 약물의 평균 효과 간 차이가 없다"라고 설정한다. 반면 대립 가설은 귀무 가설이 성립하지 않을 경우를 의미하며 "새 약물의 효과가 기존 약물보다 더 높다"라고 설정할 수 있다.

유의 수준은 연구자가 1종 오류를 허용할 정도를 미리 정하는 값으로 보통 0.05나 0.01을 사용한다. 표본 데이터로부터 계산한 통계량을 바탕으로 특정 분포(정규 분포, t-분포, F-분포 등)에 대응하는 검정 통계량을 산출하며, 이를 통해 p-value를 계산한다. p-value는 귀무 가설이 참일 때 현재 관측된 결과나 그보다 극단적인 결과가 나올 확률이다. 만약 p-value가 유의 수준보다 작으면 귀무 가설을 기각하고 대립 가설을 채택하며, p-value가 유의 수준 이상이면 귀무 가설을 기각하지 않는다.

의학 연구에서는 임상 시험 표본 데이터를 활용해 새 약물의 효과를 비교하고, 마케팅 분석에서는 A/B 테스트를 통해 두 광고 버전의 평균 클릭률에 차이가 있는지 검정하는 등의 실제 적용 사례가 있다.

2. 1종 오류, 2종 오류, 유의 수준, p-value

가설 검정 과정에서는 두 가지 종류의 오류 가능성을 인지해야 한다. 1종 오류는 실제로 참인 귀무 가설을 잘못 기각하는 오류로, α로 표시하며 'false positive'라고도 한다. 예를 들어 실제로 새 약물과 기존 약물 간 차이가 없는데도 우연히 극단적인 표본을 얻어 차이가 있다고 잘못 결론 내리는 경우이다.

반면 2종 오류는 실제로 거짓인 귀무 가설을 기각하지 못하는 오류로, β로 표시하며 'false negative'라고도 한다. 예를 들어 새 약물이 실제로 더 효과적임에도 불구하고 표본 크기가 작거나 분산이 커서 효과 차이를 발견하지 못하는 경우이다.

유의 수준은 1종 오류를 어느 정도까지 허용할지를 미리 정해 둔 값으로, 예를 들어 α가 0.05라면 100번의 검정 중 5번 정도는 실제 차이가 없음에도 차이가 있다고 판단할 가능성이 있음을 의미한다. p-value는 귀무 가설이 참일 때 관측된 결과가 나타날 확률로, p-value가 작으면 귀무 가설이 참일 확률이 낮다고 판단하여 귀무 가설을 기각하게 된다.

유의 수준을 낮추면 1종 오류는 줄어들지만 2종 오류는 증가할 수 있으므로, 연구 설계 시 α와 β의 균형을 맞추는 것이 중요하다. 임상 시험과 같이 환자의 안전과 직결되는 경우에는 매우 엄격한 유의 수준을 적용하기도 한다.

3. 대표적인 분석 기법 개요

가설 검정을 수행할 때는 연구 질문과 데이터의 특성(집단 수, 변수 유형, 독립성 여부, 분포 가정 등)에 따라 적절한 검정 방법을 선택한다.

t-검정은 데이터가 정규 분포를 이루거나 표본 크기가 충분할 때 표본 평균의 차이를 검정하는 방법이다. 단일 표본 t-검정은 어떤 표본 평균이 주어진 특정 값과 유의미하게 다른지를, 독립 표본 t-검정은 서로 독립적인 두 집단의 평균 차이를, 대응 표본 t-검정은 동일 대상의 전후 측정값 차이를 비교하는 데 사용된다.

분산 분석(ANOVA)은 세 개 이상의 집단 평균을 동시에 비교할 때 활용되며, 집단 간 평균에 유의한 차이가 있는 경우 사후 검정을 통해 구체적으로 어느 집단 간에 차이가 있는지 확인한다.

회귀 분석은 독립 변수와 종속 변수 간의 관계를 추정하는 방법이다. 단순 회귀 분석은 독립 변수가 하나인 경우, 다중 회귀 분석은 여러 독립 변수가 동시에 영향을 미치는 경우에 사용된다. 회귀 분석에서는 모델 적합도(R^2)와 각 독립 변수의 유의성 검정을 함께 고려한다.

　카이제곱 검정은 범주형 데이터 간의 연관성이나 분포 적합도를 확인하는 기법으로 독립성 검정, 적합도 검정, 동질성 검정을 통해 범주별 빈도의 차이나 연관성을 평가한다. 표본 크기가 충분하지 않으면 기대 빈도가 너무 작아져 해석에 주의해야 한다.

4. 실제 통계 분석 워크플로 소개

　실제 통계 분석은 문제 정의, 데이터 수집 및 전처리, 탐색적 데이터 분석(EDA), 가설 검정 기법 선정, 검정 통계량 및 p-value 계산, 결과 해석, 그리고 보고 및 시각화의 순서로 진행된다.

　먼저 "무엇을 알고 싶은가?", "어떤 비교를 하고 싶은가?"를 명확히 설정한 후 적절한 표본 추출 방법으로 데이터를 수집하고, 결측치나 이상치를 점검하여 전처리를 수행한다. 이후 기술 통계와 다양한 시각화를 통해 데이터의 분포와 변수 간 관계를 파악하며, 가설 검정을 위한 적절한 분석 기법을 선택한다. 선택된 기법에 따라 검정 통계량과 p-value를 산출하고, 이를 바탕으로 귀무 가설을 기각할지 여부를 결정한다.

　최종적으로 통계적으로 유의미한 차이나 효과가 발견되면 그 차이의 방향성과 실제적 중요성을 함께 고려하여 결과를 해석하며, 그래프나 표를 통해 결과를 시각적으로 전달한다. 분석에 사용된 방법과 가정을 명확히 기술하면 결과의 신뢰도가 높아진다.

　이처럼 통계적 가설 검정은 단순히 p-value를 확인하는 절차를 넘어 문제 정의부터 데이터 전처리, 분석 기법 선정, 결과 해석, 보고에 이르는 종합적인 과정을 포함하며, 이를 통해 단순한 "차이가 있다/없다"를 넘어 그 차이가 왜 발생하는지와 그 의미를 깊이 있게 이해할 수 있다.

❄ 실습 5.1 독립 표본 t-검정

두 독립적인 그룹 간의 평균 차이를 검정한다.

```python
python
import numpy as np
from scipy import stats

# 데이터 생성
np.random.seed(42)
group1 = np.random.normal(0, 1, 100) # 평균 0, 표준편차 1인 정규 분포
group2 = np.random.normal(0.5, 1, 100) # 평균 0.5, 표준편차 1인 정규 분포

# t-검정 수행
t_stat, p_value = stats.ttest_ind(group1, group2)
print(f"T-statistic: {t_stat}, p-value: {p_value}")
```

● 결과

```
T-statistic: -4.754695943505288, p-value: 3.819135262679343e-06
```

● 설명

1. 두 개의 독립적인 정규 분포 샘플을 생성한다.

2. scipy.stats의 ttest_ind()를 사용하여 독립 표본 t-검정을 수행한다.

3. 결과로 t-통계량과 p-값을 얻는다.

4. p-값이 유의 수준(일반적으로 0.05)보다 작으면 두 그룹의 평균이 유의하게 다르다고 결론 내릴 수 있다.

❧ 실습 5.2 일원분산분석(ANOVA)

세 개 이상의 그룹 간 평균 차이를 검정한다.

```python
from scipy import stats
import numpy as np

# 데이터 생성
np.random.seed(42)
group1 = np.random.normal(0, 1, 100)
group2 = np.random.normal(0.5, 1, 100)
group3 = np.random.normal(1, 1, 100)

# ANOVA 수행
f_stat, p_value = stats.f_oneway(group1, group2, group3)
print(f"F-statistic: {f_stat}, p-value: {p_value}")
```

● 결과

```
F-statistic: 35.26605428036864, p-value: 1.81126805213795e-14
```

● 설명

1. 세 개의 독립적인 정규 분포 샘플을 생성한다.
2. scipy.stats의 f_oneway()를 사용하여 일원 분산 분석을 수행한다.
3. 결과로 F-통계량과 p-값을 얻는다.
4. p-값이 유의 수준보다 작으면 적어도 한 그룹의 평균이 다른 그룹과 유의하게 다르다고 결론 내릴 수 있다.

📄 요약

5장에서는 통계 분석의 핵심 절차인 가설 검정을 중심으로, 1종 오류, 2종 오류, p-value 등 기본 개념부터 대표적인 분석 기법까지 간략히 살펴보았다. 가설 검정은 실제 데이터를 근거로 "차이가 있는지 없는지", "영향이 있는지 없는지"를 객관적 수치로 판별하게 함으로써 실무와 연구 양 측면에서 매우 중요한 역할을 한다. 이후 더욱 복잡하고 다양한 데이터 분석 상황에 직면하더라도, 이 장에서 다룬 기초 개념과 대표 기법들이 탄탄한 토대가 될 것이다.

✎ 연습 문제

(참/거짓)아래 문제에 대해 참(T)/거짓(F)으로 답하라.

1. 1종 오류는 실제로는 귀무가설이 참인데도 기각해버리는 실수를 말한다. (T/F)

2. p-value가 매우 작다는 것은 데이터가 귀무가설을 강력히 지지한다는 뜻이다. (T/F)

   (단답형)아래 문제에 단답형으로 답하고 빈칸을 채우라.

3. 세 개 이상의 집단 평균을 비교하는 기법은 무엇인가?

4. 서로 다른 두 집단의 평균 차이를 검정하는 대표 방법은 _____-검정이다.

   (서술형)아래 문제에 대한 답을 서술하라.

5. 회귀 분석과 분산 분석 중 상황에 따라 어떤 경우에 각각 사용하는지 간단히 예를 들어 설명하라.

   _____

   _____

   _____

   _____

   _____

제 2부

빅데이터의 이해와 활용

2부에서는 '빅데이터'라는 거대하고 복잡한 데이터 세계가 우리 사회와 산업에 어떤 변화를 가져왔으며, 이를 실제로 어떻게 다룰 수 있는지 단계별로 살펴본다. 6장에서는 빅데이터의 정의와 핵심 특성(3V, 5V 등)을 통해 방대한 데이터가 왜 '새로운 금광'이라 불리는지 짚어 보고, 빅데이터가 기술·산업·사회 전반에 미치는 영향과 각광받는 이유를 설명한다.

7장에서는 마케팅, 금융, 의료, 공공 분야 등에서 빅데이터가 구체적으로 어떻게 활용되는지 다양한 사례를 통해 확인한다. 추천 시스템, 고객 이탈 예측처럼 우리 일상에서도 흔히 접하는 서비스들이 빅데이터 분석을 바탕으로 작동한다는 사실이 흥미롭게 다가올 것이다. 또한 빅데이터에 기반한 의사결정 과정이 어떤 절차로 이뤄지는지 살펴보면서, 실제 업무 환경에서 이 기술이 어떻게 쓰이는지 이해하게 된다. 이어지는 8장에서는 빅데이터가 단순히 '많은 양의 데이터'가 아니라, 어떻게 수집하고 저장·처리하고 분석·시각화까지 이어지는지 전 과정을 다룬다는 점에 주목한다. 웹 크롤링, 센서, 소셜미디어, 공공데이터 API 등 데이터가 생성되는 다양한 경로부터, 이를 적절히 저장하기 위한 데이터베이스·NoSQL·클라우드 기술, 그리고 결측치·이상치 처리를 포함한 전처리까지, 실제로 빅데이터를 다루는 전체 파이프라인을 개괄적으로 살펴볼 수 있다.

9장에서는 빅데이터 분석을 위한 대표적인 기술 스택인 Hadoop과 Spark를 중심으로, 분산처리와 병렬 연산의 개념을 익힌다. HDFS, MapReduce, YARN 등으로 구성된 Hadoop 에코 시스템, 그리고 RDD·DataFrame·Spark SQL 등으로 대규모 데이터를 손쉽게 처리하는 Spark의 장점을 배운다. 나아가 머신러닝이나 AI 모델이 빅데이터 분석과 어떻게 연결되는지도 간단히 언급하여 미래 확장의 방향을 제시한다.

마지막으로 10장에서는 '데이터 시각화'라는 핵심 요소를 다룬다. 단순히 분석 결과를 텍스트나 숫자로만 제시하는 것보다 적절한 차트나 그래프를 통해 직관적으로 이해하고 통찰을 얻을 수 있게 하는 것이 중요하다. Tableau, Power BI, Qlik 같은 BI 툴의 개요를 살펴보고, 3부 파이썬 실습에서 활용할 Seaborn·Matplotlib 등의 시각화 라이브러리와도 연결하여 학습할 수 있도록 안내한다.

결국, 2부는 "빅데이터가 무엇이며, 왜 중요한가?"라는 질문에서 출발해, 실제 데이터가 어떤 여정을 거쳐 분석·시각화되는지 큰 그림을 보여 준다. 이를 토대로 3부에서는 직접 파이썬 환경에서 실습하며, 통계와 빅데이터 분석 역량을 한층 더 구체적으로 키울 수 있게 될 것이다.

제6장

빅데이터란 무엇인가? - 새로운 금광

데이터의 양(Volume), 속도(Velocity), 다양성(Variety) 등 빅데이터의 특성을 살펴보고, 왜 이것이 '새로운 금광'으로 불리며 산업 전반을 뒤바꾸고 있는지 개괄적으로 알아본다.

❀ 학습 목표

- 빅데이터의 정의와 핵심 특성(3V, 5V 등)을 이해한다.
- 빅데이터가 기술·산업·사회 전반에 미치는 영향과 혁신 사례를 인식한다.
- 왜 빅데이터가 '새로운 금광'으로 불리는지 그 배경과 가치를 파악한다.

❀ 학습 내용

- 빅데이터의 정의(3V·5V)와 기술·산업·사회적 영향 이해
- 빅데이터가 주목받는 이유와 가치 창출 과정 파악
- 다양한 빅데이터 활용 사례(산업, 공공, 개인 서비스) 살펴보기

1. 빅데이터의 정의와 특성(3V 또는 5V 등)

빅데이터란 기존의 데이터베이스 기술이나 단순한 수작업으로는 감당하기 어려울 정도로 방대하고 복잡한 데이터를 의미한다.

그림 6.1   빅데이터의 개념

빅데이터란 용어가 처음 등장했을 때는 주로 데이터의 양, 즉 Volume에 초점을 맞추었으나, 최근에는 데이터가 생성되고 소비되는 속도(Velocity)와 정형, 반정형, 비정형 등 형식에서의 다양성(Variety)까지 포함하여 논의된다. 여기에 데이터 품질(Veracity)과 가치(Value)를 추가하여 오늘날에는 5V로 빅데이터를 설명하기도 한다.

디지털 기기의 폭발적 보급과 인터넷 사용 증가로 인해 자료량이 기하급수적으로 늘어나고 있다. SNS 게시글, 전자 상거래 로그, 공장 센서 데이터, 위성 사진 등 다양한 소스에서 엄청난 양의 데이터가 쏟아진다. 또한 데이터는 실시간 혹은 그에 준하는 속도로 생성·수집되어 신용카드 결제 승인, 교통 신호 제어, 주식 거래 시스템 등에서 수백만 건 이상의 이벤트가 순식간에 발생하는 경우가 많다.

전통적인 행·열 형태의 정형 데이터 외에도 텍스트 문서, 소셜미디어 게시글, 이미지, 음성, 동영상, 센서 로그, 위치 정보 등 비정형 또는 반정형 데이터도 함께 분석 대

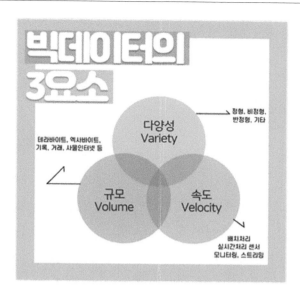

그림 6.2 빅데이터 3요소

상에 포함된다. 기업은 이렇게 다양한 정보를 통합·융합함으로써 새롭고 유의미한 인사이트를 얻을 수 있다.

대규모 데이터가 모이면 그만큼 오류, 중복, 잡음이 섞일 확률도 커지므로 데이터 자체의 신뢰도를 확보하고 품질을 유지·관리하는 일이 빅데이터 분석 성공의 중요한 전제 조건이 된다. 결국 빅데이터를 모으고 처리하는 이유는 새로운 가치를 창출하기 위함이며, 방대한 데이터에서 비즈니스 인사이트, 사회적 가치, 학문적 발견 등을 이끌어 낼 수 있는지가 핵심이다.

이처럼 빅데이터는 단순히 "데이터가 크다"는 의미를 넘어, 데이터 처리 기술의 혁신과 새로운 분석 방법론을 통해 사업적·사회적 혁신을 이끌어 낼 가능성을 열어 두고 있다. 전통적인 데이터베이스 체계로 감당하기 어려운 대규모·고속·다양성 데이터를 효율적으로 다루기 위해 새로운 하드웨어·소프트웨어 인프라와 분석 기법이 계속 개발·진화하고 있다.

2. 빅데이터가 만들어 낸 변화

빅데이터는 기술적, 산업적, 사회적 측면에서 혁신적 변화를 가져왔다.

기술적 측면에서는 단일 서버에서 대규모 데이터를 처리하는 데 한계가 있음을 깨닫고 여러 대의 컴퓨터를 묶어 분산 시스템으로 대용량 데이터를 처리하도록 하는 기술이 급속히 발전하였다. 예를 들어, Hadoop(HDFS, MapReduce)이나 Spark와 같은 도구는 수백에서 수천 대 규모의 노드에서 병렬 연산을 가능하게 한다. 또한 서버 자원을 직접 보유하지 않고 필요할 때마다 임대하여 데이터 저장·처리 능력을 확장하거나 축소할 수 있는 클라우드 컴퓨팅이 확산되면서 기업이나 연구 기관이 초기 투자 없이도 대용량 분석 환경을 구축하기 용이해졌고, 더 많은 조직이 빅데이터 분석에 뛰어들 수 있게 되었다. 더불어 빅데이터를 학습 재료로 삼은 딥러닝 등 고급 인공지능·머신러닝 알고리즘이 발전함에 따라 이미지 인식, 자연어 처리, 음성 인식 등에서 정확도와 처리 속도가 개선될 뿐 아니라 자율 주행, 의료 영상 진단 등 새로운 응용 분야로도 빠르게 확장되고 있다.

산업적 측면에서는 마케팅, 금융, 의료, 제조, 물류 등 거의 모든 분야에서 방대한 데이터를 활용해 경쟁력을 높이는 데이터 기반 비즈니스 모델이 부상하였다. 예를 들어 온라인 쇼핑몰은 맞춤형 상품 추천을 제공하고, 금융권은 실시간 이상 거래 탐지를 수행하며, 제조업은 공정 모니터링을 통해 불량률을 예측한다. 공정, 재고, 물류 시스템에 센서를 부착해 데이터를 실시간으로 수집·분석하여 최적화함으로써 비용 절감과 생산성 향상을 동시에 추구하는 사례가 많으며, 스마트 팩토리나 IIoT에서는 기계 설비의 상태를 모니터링하고 예지 보전을 통해 장비 고장을 미리 예방한다. 또한 위치 기반 서비스(예, 지도 앱, 차량 공유 서비스), 헬스케어(웨어러블 기기), 에너지 관리(스마트그리드) 등 다양한 분야에서 빅데이터가 혁신을 주도하며, 대기업뿐만 아니라 스타트업도 클라우드·데이터 분석 플랫폼을 활용해 신제품이나 서비스를 손쉽게 개발할 수 있는 기반이 마련되었다.

사회적 측면에서는 정부나 공공 기관이 교통, 치안, 보건, 교육 등 공공 데이터를 대규모로 공개하고, 민간에서 이를 분석하여 창의적 아이디어를 실현하도록 장려하는 사례가 많다. 예를 들어 교통 혼잡도 예측, 미세 먼지 측정·분석, 공공 시설의 최적 위치 선정 등에서 빅데이터가 활용되며, 시민들이 직접 데이터를 수집·분석하여 도시 문제(교통 혼잡, 쓰레기 처리, 환경 오염 등)를 파악하고 해결 방안을 제안하기도 한다. 데이터 기반 도시 정책, 즉 스마트시티를 통해 재난 예측 및 대응 체계를 구축하고 정교한 행정 서비스를 제공할 수 있게 되었으며, 빅데이터의 광범위한 활용은 개인 정보 보호, 데이터 활용 윤리, 알고리즘 편향과 같은 새로운 사회적 과제를 야기하여 각국이 개인 정보 보호법, 인공지능 윤리 가이드라인 등을 마련해 규제 체계를 마련하고 있다.

3. 빅데이터는 왜 주목받는가?

빅데이터가 오늘날 중요한 화두가 된 이유는 단연 데이터 속에서 새로운 가치를 발굴할 수 있기 때문이다. 과거에는 주로 정형화된 수치 데이터만 분석 대상으로 삼았으나, 이제는 SNS 글, 이미지 등 멀티미디어, GPS 위치 정보, 센서 로그 등 비정형 데이터까지 폭넓게 결합·분석하여 이전에는 전혀 보이지 않았던 패턴이나 상관관계를 찾아낼 수 있게 되었다.

예를 들어 온라인 플랫폼에서는 사용자의 과거 행동(클릭·구매 기록, 시청 이력, 관심 키워드 등)을 실시간으로 분석해 머신러닝 모델이 개인 취향을 파악하고 맞춤형 상품이나 콘텐츠를 추천함으로써 고객 만족도와 매출을 동시에 향상시킨다. 의료 및 제약 분야에서는 환자 진단 정보, 유전체 데이터, 웨어러블 기기에서 수집된 건강 지표 등을 결합해 보다 정교한 예측과 맞춤형 치료 방안을 마련하며, 빅데이터 분석을 통해 질병 발생 위험을 조기에 판단하거나 임상 시험 설계를 효율화하여 신약 개발 시간을 단축할 수 있다. 공공 서비스 개선 측면에서는 도시 관리(교통, 쓰레기, 범죄 예방 등)를 효율적으로 수행하기 위해 방대한 센서 데이터, 시민 제보, 행정 시스템 로그 등을 분석하고, 재난 대응(기상 이변, 지진, 화재 등)에도 빅데이터를 활용해 위험 지역을 빠르게 파악하고 신속한 대응 체계를 마련한다.

인프라 측면에서는 아마존(AWS), 마이크로소프트(Azure), 구글(GCP) 등 클라우드 서비스를 통해 고가의 물리적 서버 없이도 대규모 데이터 저장·처리를 수행할 수 있으며, 하둡, 스파크, 카프카, NoSQL 데이터베이스(Cassandra, MongoDB 등)와 같은 오픈 소스 도구들이 개발자에게 빅데이터 파이프라인 구축을 쉽게 해 주어 스타트업이나 연구소 등 소규모 조직도 빅데이터 분야에 참여하기 쉬워졌다. 또한 대학이나 전문 교육 기관, 온라인 플랫폼에서 데이터 사이언스, 머신러닝, 빅데이터 기술을 가르치는 프로그램이 확대되고 있으며, 기업 내에서도 데이터 분석 역량을 갖춘 인력을 채용하거나 내부 교육을 통해 인재를 양성하여 빅데이터 전략을 실행하는 데 필요한 기반을 마련하고 있다.

결국 빅데이터는 "단순히 데이터가 크다"는 차원을 넘어, 새로운 형태의 문제 해결 방식을 제시하며 산업과 사회 전반을 바꾸고 있다. 특히 인공지능과의 결합을 통해 과거에는 불가능했던 정교한 예측과 의사 결정이 가능해진 점이 가장 주목할 만하며, 기존에 축적된 수많은 정보를 새로운 통찰과 가치로 전환하여 개인과 기업, 공공 기관, 그리고 사회 전체에 혁신적 변화를 이끌어내고 있다. 하드웨어·소프트웨어 인프라의 급속한 발전으로 데이터 처리 비용과 시간이 대폭 줄어들면서 소규모 조직이나 개인도 빅데이터의 혜택을 누릴 수 있는 시대가 되었으며, 앞으로 빅데이터가 실제 산업 현장에서 어떤 방식으로 활용되는지, 이를 위한 기술 스택과 구현 사례, 그리고 데이터 사이언스 프로세스(수집, 저장, 처리, 분석, 시각화 등)에 대해 구체적으로 살펴봄으로써 빅데이터가 단순한 유행어가 아니라 현실적 문제 해결의 열쇠이자 새로운 성장 동력임을 체감할 수 있을 것이다.

⚜ 실습 6.1 대용량 데이터 생성

대규모 데이터프레임을 생성하여 빅데이터의 규모를 시뮬레이션한다.

```python
python
import pandas as pd
import numpy as np

# 대용량 데이터 생성
np.random.seed(42)
big_data = pd.DataFrame(np.random.randn(1000000, 5), columns=['A',
'B', 'C', 'D', 'E'])
print(big_data.info())
```

● 결과

```
<class 'pandas.core.frame.DataFrame'>
RangeIndex: 1000000 entries, 0 to 999999
Data columns (total 5 columns):
 #   Column  Non-Null Count    Dtype
---  ------  --------------    -----
 0   A       1000000 non-null  float64
 1   B       1000000 non-null  float64
 2   C       1000000 non-null  float64
 3   D       1000000 non-null  float64
 4   E       1000000 non-null  float64
dtypes: float64(5)
memory usage: 38.1 MB
None
```

● 설명

1. numpy를 사용하여 100만 행, 5열의 랜덤 데이터를 생성한다.

2. pd.DataFrame()으로 데이터프레임을 만들고, 열 이름을 지정한다.

3. info() 메서드로 데이터프레임의 기본 정보(행 수, 열 이름, 데이터 타입, 메모리 사용량 등)를 출력한다.

   이 예제는 빅데이터 처리 시 발생할 수 있는 대규모 데이터셋을 시뮬레이션한다.

2. 데이터 메모리 사용량 확인

생성된 대용량 데이터의 메모리 사용량을 확인한다.

```python
import sys

# 이전에 생성한 big_data 사용

# 메모리 사용량 계산
print(f"Memory usage: {sys.getsizeof(big_data) / 1e6:.2f} MB")
```

● 설명

1. sys.getsizeof()를 사용하여 big_data 객체의 메모리 사용량을 바이트 단위로 얻는다.
2. 결과를 메가바이트(MB) 단위로 변환하여 출력한다.

이 예제는 빅데이터 처리 시 메모리 관리의 중요성을 보여 준다.

📄 요약

이 장에서는 빅데이터(Big Data)의 핵심 특성인 양(Volume), 속도(Velocity), 다양성(Variety), 그리고 가치(Value)와 신뢰성(Veracity)을 살펴보았다. 폭발적으로 늘어난 비정형 데이터(텍스트·이미지·센서 등) 속에서 새로운 통찰을 얻어 산업 전반을 혁신하는 사례도 소개되었다. 예컨대 물류·금융·마케팅 등에서 빅데이터로 비용을 절감하거나 맞춤형 서비스를 개발하여 경쟁우위를 확보한다. 결국 이 장의 핵심은 데이터를 단순 보관이 아닌 '가치 창출의 원천'으로 바라봐야 한다는 관점이다.

✍ 연습 문제

(참/거짓)아래 문제에 대해 참(T)/거짓(F)으로 답하라.

1. 빅데이터는 단순히 데이터의 '양(Volume)'이 많은 것을 의미하며, 생성 속도나 다양성은 중요하지 않다. (T/F)

2. 빅데이터에서 생성·소비되는 정보는 구조화(정형) 형태뿐만 아니라 비정형 형태도 포함한다. (T/F)

(단답형)아래 문제에 단답형으로 답하고 빈칸을 채우라.

3. 빅데이터의 대표적 3V 요소로, Volume, Velocity, ____ 가 있다.

4. 빅데이터를 '새로운 금광'이라 부르는 이유는 데이터에서 ____를(을) 발굴할 수 있기 때문이다.

(서술형)아래 문제에 대한 답을 서술하라.

5. 빅데이터가 사회 전반에 어떤 긍정적 변화와 부정적 우려를 동시에 가져올 수 있는지 간단히 서술하라.

_____

_____

_____

_____

_____

제7장

빅데이터 활용 사례:
우리가 모르는 사이의 데이터 혁명

　　마케팅, 금융, 의료, 공공 분야 등에서 빅데이터가 어떻게 쓰이는지 구체적 사례를 통해 확인한다. 추천 시스템, 고객 이탈 예측 같은 실전 예시로 빅데이터가 일으키는 혁신을 체감해 본다.

⊛ 학습 목표
- 마케팅, 금융, 의료, 공공 등 다양한 산업의 빅데이터 활용 사례를 접한다.
- 추천 시스템, 고객 이탈 예측 등 실제 서비스 사례의 작동 원리를 이해한다.
- 빅데이터 기반 의사 결정 과정을 살펴보고, 적용 가능성을 고민한다.

⊛ 학습 내용
- 마케팅·금융·의료·공공 분야 빅데이터 적용 사례 분석
- 추천 시스템, 고객 이탈 예측 등의 구체적 서비스 원리 이해
- 빅데이터 기반 의사 결정 흐름과 실제 적용 방안 고민

1. 산업별 빅데이터 적용 사례 (마케팅, 금융, 의료, 공공 등)

빅데이터의 가장 큰 강점은 방대한 데이터에서 유의미한 패턴과 인사이트를 도출하여 새로운 비즈니스 모델이나 혁신적 서비스를 창출할 수 있다는 점이다. 세계 각지의 기업과 기관들이 도입한 다양한 사례를 살펴보면, 빅데이터가 산업 전반에 걸쳐 기존 사업 모델을 재정비하거나 완전히 새로운 모델을 만들도록 유도하고 있음을 알 수 있다.

● 마케팅/광고

온라인 쇼핑이나 SNS에서는 고객의 클릭 수, 체류 시간, 장바구니 담기 내역과 같은 행동 로그를 실시간으로 수집한다. 이 데이터를 머신러닝 알고리즘으로 분석하여 고객별 선호도를 파악하고, 맞춤형 광고나 개인화 추천을 제공한다. 예를 들어, 전자상거래 사이트에서는 "이 상품을 본 고객이 관심을 가질 만한 상품"을 메인 화면이나 이메일로 안내해 구매 전환율을 높인다.

한편, 대형 마트나 백화점 등 오프라인 유통 매장에서는 CCTV 영상, 매장 내 센서 데이터, POS 데이터 등을 결합하여 소비자의 동선을 추적하고 구매 패턴을 분석한다. 이를 통해 주말 오전 특정 시간대에 특정 상품의 매출이 높은 이유를 과학적으로 파악하고, 인접 진열 상품군 간 시너지 효과를 고려한 매장 진열 전략과 할인 프로모션을 계획할 수 있다.

● 금융/보험

금융 분야에서는 신용 평가 및 대출 심사 과정에서 빅데이터를 활용한다. 과거에는 간단한 신용 점수나 소득 수준만으로 대출 심사를 진행했으나, 현재는 소셜미디어 활동, 온라인 거래 기록, 통신사 소비 패턴 등 다양한 정보를 종합적으로 평가하여 개인 신용 위험을 세분화하고 부실 대출을 줄인다. 동시에 우량 고객에게는 빠르고 편리한 서비스를 제공할 수 있다.

또한, 금융 시장에서는 실시간 투자 및 자동 매매 시스템이 도입되어, 시세 변화, 뉴스, SNS 언급 등을 분석해 주가나 환율 변동을 예측하고 자동 매수·매도 전략을 실행한다. 예를 들어, 특정 종목이 SNS에서 갑작스럽게 언급량이 높아지면 주가 변동을 미리 포착하여 단기 매매나 헤지 전략을 구현할 수 있다.

● 의료/제약

의료 및 제약 분야에서는 개인 맞춤형 의료 서비스가 빅데이터를 통해 발전하고 있다. 병원 기록(EMR), 웨어러블 기기 데이터(걸음 수, 심박수 등), 환자의 유전체 정보 등을 통합 분석하여 특정 질환 발병 가능성을 사전에 예측하고, 개인별 위험 요인(흡연, 영양 상태, 유전자 변이 등)을 고려한 맞춤형 치료법을 권고한다. 이를 통해 응급 상황 발생 가능성을 미리 감지하여 빠른 응급대응이 가능해진다.

또한, 신약 개발 과정에서는 방대한 임상 시험 데이터를 빅데이터 분석으로 처리하여 부작용이 발생하는 환자군을 조기에 선별하거나 특정 약물 효과가 잘 나타나는 환자 표적군을 신속하게 찾아낸다. 이로 인해 임상 시험 비용을 줄이고, 신약 허가 및 상용화까지 걸리는 시간을 단축할 수 있다.

● 공공/정부

공공 및 정부 부문에서는 도시 계획과 치안 정책 최적화를 위해 빅데이터를 활용한다. 교통 혼잡 지역이나 범죄 빈발 지점을 데이터로 파악하여 도로 확장, 신호 체계 개선, 순찰 강화 구역 설정 등의 정책을 효율적으로 진행할 수 있다. 빅데이터 분석 결과를 바탕으로 교통 흐름을 실시간으로 제어하거나 범죄 취약 지역에 CCTV와 조명을 설치하여 치안을 향상시키는 등의 정책 의사 결정에 활용된다.

또한, 기상 관측 정보, 위성 및 드론 이미지, GIS 자료 등을 결합하여 홍수, 태풍, 산불 등 자연 재해 발생 확률을 추정하고 피해를 최소화하는 대처 방안을 마련한다. 공공 데이터 개방을 통해 민간에서도 재난 예측 앱이나 자원봉사 매칭 시스템 등 새로운 서비스를 개발할 수 있도록 독려한다.

2. 추천 시스템, 고객 이탈 예측 등 간단 사례 소개

일상에서 흔히 접하는 인터넷 및 모바일 서비스들은 빅데이터 분석에 기반하고 있다. 대표적인 사례로 추천 시스템과 고객 이탈 예측을 살펴볼 수 있다.

● 추천 시스템(Recommendation System)

유튜브, 넷플릭스, 온라인 서점, 음악 스트리밍 플랫폼 등에서는 대규모 사용자 로그(재생 이력, 검색 기록, 클릭 패턴 등)를 수집한다. 이러한 데이터를 협업 필터링이나 콘텐츠 기반 필터링, 그리고 최근에는 딥러닝 기법을 적용하여 사용자별 취향을 정교하게 파악하고, "이 영상을 시청한 사용자가 선호할 만한 다른 영상"이나 "비슷한 취향을 가진 사용자가 많이 본 책"을 자동으로 추천한다. 이로 인해 개인에게 맞춤화된 콘텐츠를 제공함으로써 사용자 만족도, 이용 시간, 구매 전환율이 상승하며, 플랫폼은 유지율과 광고·유료 구독 매출을 동시에 증대시키는 상업적 이점을 얻는다.

● 고객 이탈 예측(Churn Prediction)

통신사, 은행, 스트리밍 서비스 등에서는 일정 기간 내에 서비스를 해지하거나 탈퇴할 가능성이 있는 고객을 사전에 파악하기 위해 빅데이터를 활용한다. 과거 이탈 고객의 특성을 머신러닝 모델에 학습시켜 현재 고객이 미래에 이탈할 확률을 추정한다. 예를 들어, 최근 3개월 동안 서비스 이용 시간이 급감하고 별도의 요청 사항이 없는 고객은 이탈 확률이 높다는 패턴을 도출할 수 있다. 이를 바탕으로 이탈 위험이 높은 고객에게 VIP 혜택, 추가 할인, 포인트 적립 등의 맞춤형 조치를 제공하여 고객 이탈을 방지하고, 신규 고객 유치에 드는 비용보다 낮은 고객 유지 비용을 확보한다.

3. 빅데이터 기반 의사 결정 과정

빅데이터의 진정한 가치는 데이터에 근거한 의사 결정을 가능하게 한다. 과거에는 경영진이나 전문가의 직관에 의존했으나, 이제는 정량적 분석 결과가 전략 수립의 주요 근거가 된다. 빅데이터 기반 의사 결정은 다음의 절차를 따른다.

● 문제 정의

먼저 "고객 충성도를 높이려면?" 또는 "신제품 시장 반응을 어떻게 예측할까?"와 같이 해결하고자 하는 문제를 구체적으로 정의한다. 문제의 범위와 목표를 명확히 설정하고, 이를 수치화할 수 있는 핵심 지표(Key Performance Indicators, KPI)를 선정한다. 예를 들어 고객 충성도의 경우 재구매율, 이탈률, NPS(Net Promoter Score) 등을 KPI로 설정할 수 있다.

● 데이터 수집 및 처리

내부의 매출, 고객, 재고, CRM 데이터와 외부의 소셜미디어 트렌드, 날씨, 거시 경제 지표 등 다양한 데이터를 결합하여 새로운 관점을 도출한다. 마케팅 캠페인 효과를 측정할 때 판매량, SNS 언급량, 검색어 트렌드를 동시에 분석해 상호관계를 파악할 수 있다. 또한 데이터에는 종종 오류, 중복, 결측치가 포함되므로 이상값 처리, 결측값 대체 또는 제거, 데이터 변환 등의 정제 과정을 거쳐 품질 높은 데이터셋을 확보한다. 대용량 데이터 분석을 위해 클라우드 기반 분산 처리 플랫폼(Hadoop, Spark 등)이나 NoSQL 데이터베이스를 활용하여 효율적이고 빠른 분석 환경을 구축한다.

● 모델 개발 및 분석

수집한 데이터를 바탕으로 예측(Regression), 분류(Classification), 군집화(Clustering), 연관 규칙 탐사(Association Rule) 등 다양한 머신러닝 및 통계 모델을 적용해 데이터에서 패턴을 추출한다. 예를 들어 신규 고객의 구매 가능성 예측, 소비자 세분화, 상품 간 연관관계 분석 등이 이에 해당한다. 모델의 정확도, 정밀도, 재현율, F1-score 등의 정량적 지표를 활용해 모델의 성능을 평가하고, 실제 운영 전에 시범 운영이나 추가

검증 과정을 거쳐 모델을 보완한다.

● 인사이트 도출

분석 결과를 토대로 핵심 패턴 및 예측 지표를 파악한다. 예를 들어 VIP 고객 집단이 특정 시점에 이탈하는 이유나 판매량 증가에 직접적인 영향을 미치는 요인을 도출할 수 있다. 도출된 인사이트는 데이터 시각화 도구를 활용하여 대시보드, 차트, 인포그래픽 등으로 정리하며, 데이터 기반 스토리텔링 기법을 통해 왜 이러한 결론에 도달했는지 논리적 근거를 명확히 제시한다.

● 전략 실행 및 모니터링

분석 결과를 바탕으로 구체적인 실행 방안을 수립한다. 예측 모델이 "30% 이탈 가능성이 있다"고 도출한 고객에게 어떤 프로모션을 제공할지, 예상 비용 대비 편익(ROI)을 고려해 전략을 계획한다. 이후 실행된 전략의 성과를 실시간으로 모니터링하고 피드백을 받아 모델의 정확도를 재검증한다. 필요한 경우 모델을 보정하거나 새로운 변수를 추가하여 반복적 개선을 거치며, 시간이 지날수록 더욱 정교하고 높은 정확도의 모델을 완성한다.

> ### ⊠ 빅데이터 혁명: 과거의 직관을 넘어 데이터로
>
> 빅데이터는 더 이상 특정 IT 거대 기업이나 일부 부서의 전유물이 아니다. 마케팅, 금융, 의료, 공공 분야 등 거의 모든 산업이 빅데이터를 활용해 보다 정확한 예측과 효과적인 전략을 수립하고 있다. 이는 기업 경쟁력을 높일 뿐 아니라 정부와 지자체 차원에서도 데이터 기반 의사 결정을 통해 공공 서비스를 효율적으로 개선하는 길을 열어 준다.
>
> 무엇보다 빅데이터 분석이 가져다 준 가장 큰 변화는 과거 직관이나 경험에 의존했던 영역을 점차 데이터 중심의 '과학적 의사 결정'으로 전환시켰다는 점이다. 이러한 변화가 가속화될수록 정교하고 혁신적인 서비스와 제품이 지속적으로 탄생하고 있으며, 이는 우리가 일상에서 몰래 누리고 있는 빅데이터 혁명의 실체이다.

❦ 실습 7.1 간단한 추천 시스템

사용자-아이템 행렬을 기반으로 한 간단한 협업 필터링 추천 시스템을 시뮬레이션한다.

```python
import numpy as np
from sklearn.metrics.pairwise import cosine_similarity

# 데이터 생성: 100명의 사용자, 50개의 아이템에 대한 평점 (0-5 사이의 정수)
np.random.seed(42)
user_item_matrix = np.random.randint(0, 5, size=(100, 50))

# 사용자 간 유사도 계산
user_similarity = cosine_similarity(user_item_matrix)
print("User similarity matrix shape:", user_similarity.shape)
```

● 설명

1. np.random.randint()를 사용하여 100x50 크기의 사용자-아이템 평점 행렬을 생성한다.
2. cosine_similarity()를 사용하여 사용자 간의 코사인 유사도를 계산한다.

이 유사도 행렬은 추천 시스템에서 비슷한 취향을 가진 사용자를 찾는 데 사용될 수 있다.

2. 고객 이탈 예측 모델

가상의 고객 데이터를 사용하여 간단한 고객 이탈 예측 모델을 구현한다.

```python
from sklearn.model_selection import train_test_split
from sklearn.ensemble import RandomForestClassifier
```

```
# 데이터 생성: 1000명의 고객, 10개의 특성
np.random.seed(42)
X = np.random.randn(1000, 10) # 고객 특성
y = np.random.randint(0, 2, 1000) # 이탈 여부 (0: 유지, 1: 이탈)

# 데이터 분할
X_train, X_test, y_train, y_test = train_test_split(X, y, test_
size=0.2, random_state=42)

# 모델 학습 및 평가
model = RandomForestClassifier(n_estimators=100, random_state=42)
model.fit(X_train, y_train)
print(f"Model accuracy: {model.score(X_test, y_test):.2f}")
```

● 설명

1. np.random.randn()으로 고객 특성 데이터를, np.random.randint()로 이탈 여부를 생성한다.

2. train_test_split()을 사용하여 데이터를 학습용과 테스트용으로 분할한다.

3. RandomForestClassifier를 사용하여 모델을 학습하고 정확도를 평가한다.

이 예제는 실제 고객 이탈 예측 모델의 기본 구조를 보여 준다.

🗐 요약

이 장에서는 마케팅, 금융, 의료, 공공 등 다양한 산업분야에서 빅데이터가 어떻게 사용되는지 구체적 사례로 살펴보았습니다. 예컨대 온라인 쇼핑몰의 추천 시스템, 통신사나 은행의 고객 이탈 예측, 의료 기관의 환자 진단·예후 분석 등은 방대한 데이터를 기반으로 새로운 가치를 창출하고 있습니다. 또한 빅데이터 기반 의사 결정 과정을 통해 기업이나 정부가 효율적으로 정책이나 전략을 수립하는 사례를 확인함으로써, 빅데이터가 혁신을 주도하는 핵심 도구임을 체감하게 됩니다.

✍ 연습 문제

(참/거짓)아래 문제에 대해 참(T)/거짓(F)으로 답하라.

1. 추천 시스템은 주로 사용자 취향 분석에 집중하며, 빅데이터가 없어도 운영이 가능하다. (T/F)

2. 금융 분야에서는 빅데이터 분석을 통해 개인 신용위험을 예측하거나 자동 매매를 구현하기도 한다. (T/F)

(단답형)아래 문제에 단답형으로 답하고 빈칸을 채우라.

3. 넷플릭스, 유튜브 등에서 사용자를 위해 개인 맞춤형 목록을 제공하는 시스템은 _____ 시스템이라고 부른다.

4. 장기적으로 비즈니스나 정책을 결정할 때 빅데이터를 활용하는 과정을 ____ 기반 의사 결정이라고 한다.

(서술형)아래 문제에 대한 답을 서술하라.

5. 공공 분야에서 빅데이터가 활용되는 대표적 예시를 하나 들고, 그 영향력을 간단히 서술하라.

_____

_____

_____

_____

_____

## 제8장

빅데이터 수집과 처리 – 데이터의 여정

웹 크롤링, 센서, 공공데이터 API 등 다양한 경로로 데이터가 모이고, 이를 어떻게 저장·전처리·분석·시각화로 이어가는지 '데이터 파이프라인'을 전체적으로 조망한다.

🎲 학습 목표

- 데이터 파이프라인(수집 → 저장 → 전처리 → 분석 → 시각화)의 개념을 잡는다.
- 웹 크롤링, 센서, 공공데이터 API 등 다양한 데이터 소스와 수집 방법을 살펴본다.
- NoSQL, 데이터 웨어하우스, 클라우드 등 빅데이터 저장·처리 기술 개념을 익힌다.

🎲 학습 내용

- 데이터 파이프라인(수집 → 저장 → 전처리 → 분석 → 시각화) 개괄 학습
- 웹 크롤링, 센서, 소셜미디어, 공공데이터 API 등 데이터 소스 파악
- DB, NoSQL, 데이터 웨어하우스, 클라우드 등 저장·처리 기술 이해

1. 데이터 파이프라인 개괄
(수집 → 저장 → 전처리 → 분석 → 시각화)

빅데이터 프로젝트는 단순히 많은 데이터를 보유하는 것만으로 성공하는 것이 아니라 수집부터 시각화에 이르는 전 과정이 긴밀하게 연결되어 운영되어야 한다. 먼저 웹, 센서, 소셜미디어, 공공 API 등 다양한 소스에서 데이터를 자동 또는 반자동 방식으로 수집한다. 이 과정에서 수집 전략을 잘못 세우면 중요한 값이 누락되거나 편향된 정보만 모아질 위험이 있다. 이후 수집된 대량의 데이터를 DB, NoSQL, 데이터 웨어하우스, 클라우드 등 적절한 인프라에 안정적으로 보관한다. 프로젝트 특성과 예산에 맞춰 저장 기술을 선택하거나 복합적으로 사용하며, 원시 데이터 상태에서는 결측치, 이상치, 중복, 단위 불일치 등 여러 잡음이 섞여 있을 가능성이 높으므로, 이를 정제하고 준비하는 전처리 과정을 반드시 거친다.

전처리된 데이터는 통계적 기법, 머신러닝, 딥러닝 등을 적용해 예측, 분류, 군집화, 연관규칙 탐색 등 다양한 분석에 활용된다. 분석 단계에서도 적절한 파라미터 튜닝과 모델 평가가 필수적이며, 마지막으로 분석 결과를 그래프, 대시보드, 리포트 형태로 시각화하여 의사 결정권자가 쉽게 이해할 수 있도록 전달한다.

전체 파이프라인의 어느 한 단계라도 부실하면 프로젝트 성공에 영향을 미치므로, 데이터 흐름을 지속적으로 모니터링하고 개선하는 것이 중요하다.

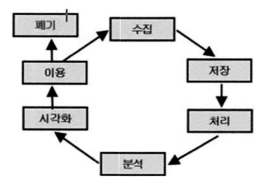

그림 8.1   빅데이터 처리 과정

2. 데이터 소스

빅데이터 시대에는 데이터가 다양한 장소와 방식에서 끊임없이 생성된다. 이러한 데이터 수집은 빅데이터 분석 프로젝트의 출발점이다.

웹 크롤링은 자동화된 스크립트를 사용해 웹사이트를 방문하고 원하는 텍스트, 이미지, 링크 등을 수집하는 기법이다. 예를 들어, 검색 엔진은 크롤러를 통해 방대한 웹사이트의 정보를 수집·색인화하여 검색 결과를 제공하며, 온라인 쇼핑몰 제품 후기를 모아 소비자 만족도와 반응 키워드를 분석하거나 블로그, 카페 게시글을 모아 특정 이슈에 대한 여론을 파악할 수 있다. 단, 웹사이트 이용 약관이나 저작권, 개인 정보 보호 관련 법규를 반드시 준수해야 하며, 구조가 복잡하거나 동적으로 로드되는 콘텐츠는 크롤링 난이도가 높을 수 있다.

센서 데이터는 IoT 기기의 확산으로 공장 설비, 스마트시티, 자율 주행 차, 농업 등 다양한 분야에서 실시간으로 온도, 습도, 위치, 이미지, 소리 등의 정보를 수집한다. 스마트 공장에서는 기계 상태와 부품 진동 데이터를 분석해 고장 시점을 예측하거나, 도시 교통량을 모니터링해 신호 체계를 자동 조정하는 데 활용된다. 센서 데이터는 주로 실시간 스트리밍 방식으로 전송되며 비정형 데이터가 많고, 센서 성능이나 배터리, 통신 환경에 따라 데이터 품질이 달라질 수 있으므로 전처리와 품질 관리가 중요하다.

소셜미디어에서는 트위터, 페이스북, 인스타그램, 유튜브 등에서 사용자가 자발적으로 생성하는 게시물, 댓글, 좋아요, 공유, 구독 등의 행위를 통해 방대한 양의 데이터가 매 순간 생성된다. 각 플랫폼 API나 타사 분석 도구를 이용해 실시간 트렌드, 여론 흐름, 특정 브랜드나 상품에 대한 인식 변화를 추적할 수 있으며, 선거, 브랜드 인지도, 사회적 캠페인 등의 분석이나 새로운 트렌드 발굴에 활용된다.

공공 데이터 API는 정부나 공공 기관이 교통, 환경, 의료, 인구 통계 등 다양한 분야의 데이터를 외부 개발자가 활용할 수 있도록 웹 API 형태로 개방하는 정책이다. 국내의 공공 데이터 포털이나 미국의 Data.gov 등에서 표준화된 형식의 데이터를 안정적으로 제공하며, 주기적인 업데이트가 이루어진다. 민간 기업은 이를 활용해 교통 혼잡도 정보 앱, 병원 찾기 앱 등 창의적인 서비스를 개발할 수 있다.

결론적으로 데이터는 웹, 센서, 소셜미디어, 공공 데이터 등 무궁무진한 소스에서 끊임없이 유입되며, 프로젝트 목표에 부합하는 소스를 선정하고 수집 방식을 설계하는 것이 빅데이터 파이프라인의 첫 단추이다.

3. 데이터 저장 기술

데이터 수집 후에는 방대한 양의 정보를 안정적으로 보관하고, 필요 시 빠른 조회와 처리를 수행할 수 있는 저장소가 필요하다. 이때 프로젝트 특성, 데이터 구조, 트랜잭션 요구 사항 등에 따라 적절한 기술을 선택한다.

전통적인 관계형 데이터베이스(RDBMS)는 오라클, MySQL, PostgreSQL, SQL Server 등 테이블 구조로 데이터를 저장하며, ACID 특성을 충족해 안정적 트랜잭션 처리가 가능하다. 정형 데이터 처리에는 최적이지만, 비정형 데이터 처리에는 한계가 있을 수 있다. 반면, NoSQL은 "Not Only SQL"의 약자로 키-값 저장소, 문서형 DB, 그래프 DB 등 전통적 테이블 형태가 아닌 구조를 지원한다. MongoDB, Cassandra, Neo4j 등이 대표적이며, 유연한 스키마와 수평 확장이 용이하여 급증하는 비정형 로그나 소셜 피드 데이터를 빠르게 처리할 수 있다.

데이터 웨어하우스는 기업 내 다양한 시스템에서 생성된 데이터를 중앙에 통합하여 다차원 분석(OLAP)을 위해 설계된 대규모 저장소이다. 각 부서의 데이터를 모아 임원진이 시간, 지역, 상품 등 다차원 기준으로 분석할 수 있게 하며, 이력 데이터 중심의 분석이나 예측 모델링에 유리하다. 최근에는 데이터 웨어하우스 기능을 클라우드로 이전하거나 빅데이터 플랫폼과 연동해 대규모 분석을 수행하는 하이브리드 방식이 증가하고 있다.

클라우드 스토리지는 AWS, Azure, GCP 등에서 제공하는 페이-퍼-유즈 모델로, 대용량 저장 공간을 쉽게 확보할 수 있으며 분석 도구와 연계해 병렬 처리를 수행할 수 있다. 초기 투자 비용이 들지 않고, 유연하게 확장할 수 있으며 글로벌 서비스 운영 시 지연을 최소화할 수 있다는 장점이 있다.

실제로 데이터 저장 기술은 RDBMS, NoSQL, 데이터 웨어하우스, 클라우드 등을 혼합하여 사용하는 경우가 많다. 예를 들어 핵심 트랜잭션은 RDBMS로, 비정형 로그는 NoSQL로, 분석용 누적 데이터는 데이터 웨어하우스 및 클라우드를 활용하는 방식이다.

4. 데이터 전처리

대규모 데이터를 수집·저장했더라도 원시 데이터 상태는 분석에 바로 쓰기 어려운 경우가 많다. 결측치, 이상값, 형식 불일치 등 다양한 잡음이 존재하므로, 이를 정제하고 준비하는 전처리 과정이 필수적이다.

● 결측치 처리

결측치는 센서 오류, 사용자가 입력하지 않은 필드, 통신 장애, 설문 조사 무응답 등 다양한 원인으로 발생한다. 결측 데이터가 많으면 모델 훈련이나 통계 분석에서 왜곡이 발생할 수 있으므로, 결측치가 극단적으로 많은 경우 행 또는 열을 제거하거나, 평균, 중위수, 최빈값 등으로 대체한다. 경우에 따라 회귀 분석이나 KNN 등의 모델 기반 기법을 사용해 예측 대체할 수 있으나, 무리한 대체는 실제 데이터 분포를 왜곡할 수 있으므로 분석 맥락을 고려해야 한다.

● 이상치 탐색

이상치는 전체 분포에서 극단적으로 벗어난 데이터 포인트나 통계적으로 드문 값을 의미한다. 예를 들어 온도 센서가 200℃ 이상으로 기록되거나 온라인 쇼핑 결제 금액이 비정상적으로 높은 경우가 있다. 박스플롯, 산점도, 평균 ±3 표준편차 등의 통계 지표를 통해 시각적으로 확인하며, LOF나 Isolation Forest와 같은 머신러닝 기반 기법으로 다변량 이상치를 탐지할 수 있다. 측정 오류로 판단되는 경우 제거하거나 합리적인 값으로 교정할 수 있으나, 실제 유의미한 극단값일 경우 도메인 지식을 기반으로 신중하게 처리해야 한다.

● 스케일링

변수 간 값의 범위가 크게 차이날 경우, 머신러닝 모델에서 큰 값을 가진 변수가 지나치게 영향력을 발휘할 수 있다. 예를 들어 소득이 수천만 원 단위이고, 연령이 0에서 100 사이이면, 소득 변수가 모델 학습에 큰 영향을 줄 수 있다. 이를 해결하기 위해 정규화(모든 값을 0~1 범위로 변환)나 표준화(평균 0, 표준편차 1로 맞추는 방식)를 사용하며,

로그 변환이나 제곱근 변환 등 기타 변환 기법을 통해 분포를 안정화하고 극단값의 영향을 줄일 수 있다.

데이터 전처리는 통계 분석이나 머신러닝 모델이 올바른 패턴을 학습하고 정확한 예측을 수행하기 위한 필수 단계이다. "쓰레기를 넣으면 쓰레기가 나온다(Garbage In, Garbage Out)"는 원칙은 빅데이터 분석에서도 동일하게 적용된다.

✤ 실습 8.1 웹 크롤링

웹 페이지의 제목을 추출하는 간단한 웹 크롤러를 구현한다.

```python
import requests
from bs4 import BeautifulSoup

url = "https://example.com"
response = requests.get(url)
soup = BeautifulSoup(response.text, 'html.parser')
print("Page title:", soup.title.string)
```

● 설명

1. requests 라이브러리를 사용하여 웹 페이지의 HTML 내용을 가져옵니다.
2. BeautifulSoup을 사용하여 HTML을 파싱하고 제목을 추출한다.

이 예제는 웹 크롤링의 기본 개념을 보여주며, 실제 빅데이터 수집에서는 더 복잡한 크롤링 로직이 사용될 수 있다.

✤ 실습 8.2 데이터 전처리

결측치 처리와 스케일링을 포함한 기본적인 데이터 전처리 과정을 시연한다.

```python
import pandas as pd
import numpy as np

# 데이터 생성
df = pd.DataFrame({
    'A': [1, 2, None, 4],
    'B': [5, 6, 7, 8],
    'C': [9, 10, 11, None]
})

# 결측치 처리
df_cleaned = df.dropna()

# 스케일링
df_scaled = (df_cleaned - df_cleaned.mean()) / df_cleaned.std()

print("Original data:\n", df)
print("\nCleaned data:\n", df_cleaned)
print("\nScaled data:\n", df_scaled)
```

● 설명

1. pd.DataFrame()을 사용하여 결측치가 포함된 데이터프레임을 생성한다.
2. dropna()를 사용하여 결측치가 있는 행을 제거한다.
3. 평균을 빼고 표준편차로 나누어 데이터를 표준화(Z-score 정규화)한다.

이 과정은 실제 빅데이터 전처리에서 자주 사용되는 기본적인 단계들을 보여준다.

📑 요약

　　8장에서는 빅데이터가 수집된 후 저장되고, 전처리를 거쳐 분석 시각화로 이어지는 데이터 파이프라인의 큰 흐름을 살펴봤다.
　　1. 다양한 데이터 소스를 어떻게 모으고, 2. 어떤 저장 기술을 선택해, 3. 전처리 과정을 통해 데이터를 정제·변환하는지, 이 전 과정을 제대로 이해하는 것은 성공적 빅데이터 프로젝트의 핵심이다. 다음 장에서는 이러한 파이프라인 중에서도 특히 분석 인프라(하둡, 스파크 등)와 관련된 기술들을 구체적으로 다뤄 보며, 대용량 데이터를 효율적으로 처리하는 실제 방법에 대해 알아 본다.

✍ 연습 문제

(참/거짓)아래 문제에 대해 참(T)/거짓(F)으로 답하라.

1. 웹 크롤링은 웹사이트의 로봇 배출 방침(robots.txt)을 반드시 무시해야 효율성이 높아진다. (T/F)

2. NoSQL은 전통적인 관계형 DB보다 스키마가 유연하고 수평 확장에 유리하다. (T/F)

(단답형)아래 문제에 단답형으로 답하고 빈칸을 채우라.

3. 빅데이터 파이프라인에서 데이터 정제, 결측치·이상치 처리를 하는 단계를 보통 '____ 처리'라고 한다.

4. 정형, 반정형, 비정형 데이터를 한곳에 모아 분석하기 위해 구축한 시스템을 _____ 웨어하우스라고 부른다.

(서술형)아래 문제에 대한 답을 서술하라.

5. 웹 크롤링 시 주의해야 할 점이나 윤리적 고려 사항을 간단히 서술하라.

_____

_____

_____

_____

_____

제9장

빅데이터 분석 도구:
Hadoop과 Spark를 중심으로

빅데이터 시대에는 데이터가 너무 많아 기존 방식으로는 처리하기 어려운 문제가 자주 발생한다. 이때 복수의 컴퓨터(노드)들을 연결해 분산 처리하는 시스템을 활용하면 방대한 데이터를 병렬로 신속하게 다룰 수 있다. 이 장에서는 이러한 분산·병렬 환경을 대표하는 두 축인 하둡(Hadoop)과 스파크(Spark)를 살펴본다.

🎛 학습 목표
- Hadoop 에코 시스템(HDFS, MapReduce, YARN 등)의 기본 구조와 동작 방식을 이해한다.
- Spark RDD, DataFrame, Spark SQL 등 핵심 컴포넌트를 파악하고 사용법을 익힌다.
- 대규모 데이터를 분산 처리·분석하는 실제 프로세스를 가볍게 체험한다.

🎛 학습 내용
- Hadoop 에코 시스템(HDFS, MapReduce, YARN 등) 구조와 동작 방식 학습
- Spark RDD·DataFrame·Spark SQL 등 분산 처리 핵심 개념 실습
- 분산 환경에서 대용량 데이터 분석 프로세스(배치·실시간) 이해

1. Hadoop 에코시스템 개요
(HDFS, MapReduce, YARN 등)

Hadoop은 대용량 데이터를 분산 환경에서 저장하고 처리하기 위한 오픈 소스 프레임워크이다. 여러 컴퓨터를 하나의 클러스터로 묶어 방대한 데이터를 효율적으로 관리할 수 있게 하며, 기본적으로 HDFS, MapReduce, YARN 등으로 구성된 에코 시스템을 형성한다.

HDFS는 대규모 데이터를 분산 저장하기 위해 설계된 파일 시스템이다. 데이터는 클러스터 내 여러 노드에 블록 단위로 분할되어 저장되며 자동 복제되어 데이터의 신뢰성과 가용성을 보장한다. 이러한 분산 저장 구조 덕분에 단일 서버 장애에도 데이터 손실 없이 시스템이 안정적으로 운영되며, 노드를 추가함으로써 저장 용량과 처리 능력을 손쉽게 확장할 수 있다.

MapReduce는 대용량 데이터를 병렬로 처리하기 위한 프로그래밍 모델이자 실행 프레임워크이다. 먼저 Map 단계에서 입력 데이터를 키-값 쌍으로 변환하여 여러 노드에서 병렬로 처리하고, Shuffle 단계를 통해 중간 결과를 키를 기준으로 정렬·그룹화한 후 Reduce 단계에서 데이터를 합산하거나 요약하여 최종 결과를 도출한다. 이 모델은 병렬 처리와 확장성, 유연성을 모두 갖추어 다양한 데이터 처리 작업에 적용할 수 있다.

YARN은 Hadoop 클러스터 내의 자원을 효율적으로 관리하고 배분하는 리소스 매니저로, MapReduce 외에도 Spark, Hive, HBase 등 다양한 데이터 처리 프레임워크와의 통합을 지원하여 클러스터 자원을 안정적으로 관리한다. 이 외에도 Hive, Pig, HBase, ZooKeeper, Sqoop 등의 다양한 구성 요소들이 Hadoop 에코 시스템을 이루어, 각기 특정 데이터 처리 요구사항에 맞춰 최적화된 기능들을 제공한다.

2. Spark 개요

Spark는 Hadoop의 MapReduce 한계를 극복하기 위해 개발된 메모리 기반의 분산 컴퓨팅 엔진이다. 대규모 데이터 처리를 보다 빠르고 유연하게 수행할 수 있도록 설계되었으며 배치 처리, 실시간 스트리밍, 머신러닝 등 다양한 데이터 처리 작업을 단일 플랫폼에서 통합적으로 수행할 수 있는 강력한 기능을 제공한다.

Spark의 핵심 자료 구조인 RDD(Resilient Distributed Dataset)는 불변 데이터 컬렉션으로, 클러스터 내 여러 노드에 분산 저장되어 내결함성을 확보하며, 파티션 단위로 나뉘어져 있다. RDD에는 map, filter, reduceByKey 등의 변환 연산(Transformation)과 collect, count, saveAsTextFile 등의 액션 연산(Action)이 있다. 변환 연산은 게으른 평가 방식으로 실행된다.

DataFrame은 RDD 위에 정형화된 스키마를 부여하여 행과 열 형태로 데이터를 다룰 수 있게 만든 고수준 데이터 구조이다. SQL과 유사한 컬럼 기반 연산을 지원하며, Spark SQL을 통해 표준 SQL 문법을 사용할 수 있다. Catalyst Optimizer라는 쿼리 최적화 엔진을 통해 성능을 극대화하고, 다양한 데이터 소스(Parquet, ORC, JSON, CSV 등)를 손쉽게 로드·저장할 수 있다.

Spark SQL은 Spark의 모듈 중 하나로 SQL 언어를 사용해 대규모 데이터를 쉽게 질의할 수 있도록 하며, Catalyst Optimizer를 통해 효율적인 실행 계획을 생성한다. Spark는 또한 Spark Streaming, GraphX, MLlib, Structured Streaming 등 확장 기능을 제공하여, 실시간 데이터 스트리밍, 그래프 분석, 머신러닝 및 딥러닝 모델 학습 등 다양한 데이터 처리 작업을 단일 플랫폼에서 수행할 수 있게 한다.

3. 분석 프로세스 예시

Hadoop과 Spark는 각각의 강점을 살려 빅데이터 분석을 수행할 때 상호 보완적으로 활용된다. 먼저, 데이터 수집 및 저장 단계에서는 대규모 로그 파일, 센서 데이터, 소셜미디어 데이터 등을 수집하여 HDFS에 저장한다. HDFS는 데이터를 여러 노드에 분산 저장함으로써 저장 용량을 확장하고 내결함성을 보장한다. 예를 들어 웹 서버 로그 데이터를 HDFS에 저장해 이후 분석을 위한 기초 데이터를 마련한다.

이후 전처리 및 집계 단계에서는 HDFS에 저장된 데이터를 Spark의 DataFrame이나 RDD로 로드하여, 결측치 제거, 이상치 처리, 데이터 변환 등의 정제 과정을 거친다. 사용자 행동 로그를 날짜, 시간대, 디바이스별로 그룹핑하여 요약 통계를 산출하는 등의 집계 작업도 수행된다.

이어서, 머신러닝 모델 단계에서는 정제된 데이터를 바탕으로 고객 세분화, 이탈 예측, 상품 추천 등 다양한 모델을 선택하고 Spark MLlib을 통해 분산 환경에서 병렬로 학습시킨다. 모델의 성능은 교차 검증과 하이퍼파라미터 튜닝 등을 통해 평가되고 최적화되며, 학습된 모델은 실제 운영 환경에 배포되어 실시간 예측이나 분류 작업에 활용된다.

마지막으로, 모델의 예측 결과나 요약 통계 데이터를 HDFS, Hive 테이블, 또는 관계형 데이터베이스에 저장하고, Tableau, Power BI, 또는 파이썬 시각화 라이브러리를 사용하여 대시보드나 그래프로 시각화한다. 이와 같이 Hadoop과 Spark를 연계한 데이터 파이프라인은 대용량 데이터를 효율적으로 저장, 처리, 분석하여 가치 있는 인사이트를 도출하며, 이 결과는 실제 비즈니스 전략과 의사 결정에 직접적인 영향을 미친다.

4. 머신러닝/AI와의 연결

빅데이터 분석의 궁극적인 목표는 데이터에 근거한 미래 예측과 효과적인 의사 결정을 내리는 데 있다. 이를 위해 머신러닝(ML)과 인공지능(AI) 기술이 핵심 도구로 활용된다. 머신러닝은 데이터로부터 자동으로 패턴을 학습해 새로운 데이터에 대해 예측이나 분류를 수행하는 알고리즘 집합이며, 지도 학습, 비지도 학습, 강화 학습 등 다양한 학습 방식이 존재한다.

Spark MLlib은 분산 환경에서 머신러닝 모델을 효율적으로 학습하고 예측을 수행할 수 있도록 다양한 알고리즘(로지스틱 회귀, 랜덤 포레스트, 서포트 벡터 머신 등)을 제공한다. 이러한 머신러닝 기법은 고객 세분화, 이탈 예측, 상품 추천 등 다양한 분야에 적용되어 맞춤형 전략 수립에 기여한다.

인공 지능은 머신러닝을 포함하는 보다 광범위한 개념으로, 인간의 지적 활동을 모사하는 기술이다. 딥러닝은 인공 신경망을 기반으로 한 AI 기술로, 이미지 인식, 음성 인식, 자연어 처리 등 복잡한 패턴 인식 작업에서 뛰어난 성능을 발휘한다. Spark에서는

TensorFlowOnSpark, BigDL 등의 라이브러리를 통해 분산 환경에서 학습시킬 수 있다. 자율 주행, 의료 영상 분석, 챗봇 및 가상 비서 등 다양한 분야에서 AI 기술이 활용되며, 빅데이터가 제공하는 방대한 학습 데이터와 결합되어 예측 정확도를 크게 향상시킨다.

빅데이터와 머신러닝/인공지능은 상호 보완적 관계에 있다. 빅데이터는 머신러닝과 AI 모델이 학습할 수 있는 방대한 데이터를 제공하며, ML/AI는 빅데이터의 복잡한 패턴을 효과적으로 분석하고 예측할 수 있는 도구이다. 이로 인해 예측 정확도가 향상되고, 분산 컴퓨팅 프레임워크를 통해 대규모 데이터셋에서도 빠르게 모델을 학습시키며, 실시간 데이터 처리를 통해 즉각적인 예측과 대응이 가능해진다. 또한, 데이터 전처리부터 모델 학습, 예측까지의 과정이 자동화되면 인간의 개입 없이도 지속적으로 데이터를 분석하고 의사 결정을 지원할 수 있다.

결국 빅데이터 환경에서 머신러닝과 인공지능은 데이터의 잠재력을 최대한 활용해 정교하고 효과적인 예측과 의사 결정을 가능하게 하며, 다양한 산업 분야에서 혁신적인 변화를 이끌어내는 핵심 기술이다.

✤ 실습 9.1 PySpark 기본 사용

PySpark를 사용하여 간단한 데이터프레임 생성 및 조작을 시연한다.

```python
from pyspark.sql import SparkSession

# Spark 세션 생성
spark = SparkSession.builder.appName("SimpleApp").getOrCreate()

# 데이터프레임 생성
df = spark.createDataFrame([(1, "a"), (2, "b"), (3, "c")], ["id",
"letter"])

# 데이터프레임 출력
df.show()
```

● 설명

1. SparkSession을 생성하여 Spark 환경을 초기화한다.
2. createDataFrame()을 사용하여 간단한 Spark 데이터프레임을 생성한다.
3. show() 메서드로 데이터프레임의 내용을 출력한다.

이 예제는 PySpark의 기본적인 사용법을 보여 주며, 실제 빅데이터 환경에서는 더 복잡한 연산이 수행된다.

❖ 실습 9.2 Spark SQL 쿼리

Spark SQL을 사용하여 데이터프레임에 대한 SQL 쿼리를 실행한다.

```python
python

# 이전에 생성한 df 사용

# 임시 뷰 생성
df.createOrReplaceTempView("mytable")

# SQL 쿼리 실행
result = spark.sql("SELECT * FROM mytable WHERE id > 1")
result.show()
```

● 설명

1. createOrReplaceTempView()를 사용하여 데이터프레임을 임시 SQL 뷰로 등록한다.
2. spark.sql()을 사용하여 SQL 쿼리를 실행한다.

이 예제는 Spark SQL을 통해 빅데이터에 대한 SQL 스타일의 쿼리를 수행하는 방법을 보여 준다.

📋 요약

9장에서는 하둡(Hadoop)과 스파크(Spark)를 중심으로 대용량 데이터를 처리·분석하기 위한 핵심 기술 스택을 살펴보았다.

1. 하둡: HDFS, MapReduce, YARN 등으로 이루어진 분산 파일 시스템 및 배치 처리에 강점
2. 스파크: 메모리 기반의 빠른 연산, RDD·DataFrame·Spark SQL·MLlib 등을 통해 다양한 데이터 처리 및 머신러닝 지원
3. Hadoop + Spark 연계: 클러스터 환경에서 방대한 데이터를 효율적으로 전처리·분석·모델링하여, 비즈니스 가치 창출
4. ML/AI와의 접목: 빅데이터를 기반으로 머신러닝, 딥러닝 모델을 학습시켜 고도화된 예측·분석 수행

차세대 데이터 혁신의 중심에는 이러한 분산 컴퓨팅 기술이 자리하고 있다. 다음 장에서는 데이터 분석의 마지막 단계인 시각화에 관해 좀 더 구체적으로 다루면서, 실제 의사 결정까지 연결되는 과정을 종합적으로 살펴본다.

✍ **연습 문제**

(참/거짓)아래 문제에 대해 참(T)/거짓(F)으로 답하라.

1. Hadoop의 HDFS는 하나의 노드(서버)에만 데이터를 저장해 네트워크 전송을 최소화한다. (T/F)

2. Spark에서는 RDD보다 DataFrame을 사용할 때 SQL같이 구조화된 연산을 쉽게 할 수 있다. (T/F)

(단답형)아래 문제에 단답형으로 답하고 빈칸을 채우라.

3. Hadoop에서 데이터 저장을 담당하는 분산 파일 시스템의 명칭은 ____ 이다.

4. Spark가 메모리 기반으로 빠르게 연산할 수 있게 해주는 핵심 자료구조는 ____ 이다.

(서술형)아래 문제에 대한 답을 서술하라.

5. Spark에서 RDD 대신 DataFrame을 사용하는 장점은 무엇인지 간단히 설명하라.

_____

_____

_____

_____

_____

제10장

데이터 시각화: 데이터를 그림으로 읽다

데이터가 의미하는 바를 '눈에 보이게' 만드는 시각화의 중요성과, 이를 실현하는 다양한 도구(Tableau, Power BI, Matplotlib 등)를 간단히 살펴본다. 분석 결과를 설득력 있게 전달하는 방법을 배운다.

⚙️ 학습 목표

- 빅데이터 시각화의 중요성과 주요 시각화 도구(Tableau, Power BI 등)를 개괄한다.
- 효과적인 차트·그래프 구성 원칙을 이해하고, 분석 결과를 명확히 전달한다.
- 3부 파이썬 실습에서 사용할 matplotlib, seaborn 등과 연계할 수 있는 아이디어를 얻는다.

⚙️ 학습 내용

- 빅데이터 시각화의 중요성과 주요 도구(Tableau, Power BI 등) 개괄
- 효과적인 차트·그래프 제작 원칙과 적용 사례 학습
- 3부 파이썬 시각화(Seaborn, Matplotlib 등) 활용 아이디어 연결

1. 빅데이터 시각화의 중요성

빅데이터 시대에서는 방대한 양의 데이터를 효과적으로 분석하고, 이를 통해 도출된 인사이트를 명확하고 직관적으로 전달하는 능력이 매우 중요하다. 단순히 데이터 분석이나 머신러닝 모델을 통해 우수한 성과를 얻는 것만으로는 부족하며, 이러한 결과를 의사 결정권자나 협업 팀이 쉽게 이해하고 활용할 수 있도록 시각화하는 과정이 필수적이다.

데이터 시각화는 복잡한 데이터를 직관적이고 이해하기 쉬운 형태로 변환함으로써 분석 결과의 활용도를 극대화하는 역할을 한다. 시각화는 데이터를 그래프, 차트, 지도 등의 형태로 표현하여 수많은 숫자와 텍스트 정보가 주는 인지 부담을 크게 줄인다. 예를 들어, 매출 데이터를 단순히 표로 나열하는 것보다 시간에 따른 매출 추이를 선 그래프로 나타내면 전체적인 트렌드를 빠르게 파악할 수 있다. 이러한 방식은 복잡한 데이터의 패턴이나 변화를 쉽게 인식하게 하여 필요한 통찰을 신속하게 제공한다.

또한, 데이터 시각화는 부서 간이나 전문가와 비전문가 간의 의사소통을 원활하게 만든다. 복잡한 분석 결과를 텍스트나 숫자로만 전달할 경우, 다양한 이해관계자들이 일관된 해석을 내리기 어려우나, 시각화된 자료는 공통된 시각적 언어를 제공하여 모든 이해관계자가 동일한 정보를 공유하고 쉽게 이해할 수 있도록 도와준다. 이는 협업을 강화하고 데이터 기반의 결정을 더욱 효과적으로 이끌어내는 데 기여한다.

대규모 데이터셋에서는 예상치 못한 패턴이나 이상치가 숨어 있을 가능성이 크다. 데이터 시각화는 히스토그램, 박스플롯, 산점도 등을 활용해 이러한 요소들을 직관적으로 발견할 수 있게 하며, 이를 통해 데이터 분석의 초기 단계에서 중요한 인사이트를 제공하고 더 깊은 분석 방향을 설정하는 데 도움을 준다.

결과적으로 데이터 시각화는 빅데이터 분석의 마지막 단계이자 실질적인 가치 창출을 위한 핵심 요소이다. 복잡한 데이터를 명확하고 직관적으로 전달함으로써 분석 결과를 효과적으로 활용하고 의사 결정 과정에 반영할 수 있으며, 데이터 과학자나 분석가는 시각화 기술을 능숙하게 습득하고 활용할 필요가 있다.

2. 시각화 도구(오픈소스/상용) 개요

데이터 시각화를 효과적으로 수행하기 위해서는 다양한 시각화 도구를 활용할 수 있다. 시각화 도구는 코드 기반 도구와 드래그 앤 드롭 방식의 도구로 크게 구분되며, 각각의 장단점과 용도에 따라 적절히 선택하여 사용할 수 있다.

● 코드 기반 시각화 도구

코드 기반 시각화 도구는 프로그래밍 언어를 사용하여 그래프와 차트를 생성하는 방식이다. 이 방식은 높은 유연성과 커스터마이징이 가능하다는 장점이 있으며, 대표적인 오픈 소스 도구로 D3.js, Python 라이브러리(Matplotlib, Seaborn, Plotly, Bokeh 등)와 R 언어의 ggplot2가 있다.

D3.js는 웹 기반 시각화를 위한 JavaScript 라이브러리로, 동적인 데이터 시각화를 구현하는 데 강력한 도구이다. SVG, CSS, HTML을 활용해 다양한 형태의 대화형 그래프를 자유롭게 커스터마이징할 수 있으며, 마우스 오버나 클릭 이벤트 같은 사용자 상호작용을 쉽게 구현할 수 있다.

Python의 Matplotlib은 파이썬에서 가장 기본적이고 널리 사용되는 시각화 라이브러리로 막대 그래프, 선 그래프, 산점도 등 다양한 기본 그래프를 그릴 수 있다. Seaborn은 Matplotlib을 기반으로 한 고수준 라이브러리로, 통계적 시각화에 특화되어 있으며 히트맵, 분포 그래프, 페어 플롯 등 복잡한 통계적 관계를 쉽게 시각화할 수 있다. Plotly와 Bokeh는 대화형 그래프를 생성할 수 있는 라이브러리로, 웹 브라우저에서 줌인/줌아웃, 툴팁 표시 등의 기능을 지원하여 대화형 대시보드 제작에 유용하다. R 언어의 ggplot2는 Grammar of Graphics 개념을 기반으로 논리적이고 일관된 방식으로 그래프를 생성할 수 있어 Seaborn과 유사한 용도로 사용된다.

코드 기반 도구는 높은 유연성을 제공하고, 자동화가 가능하며, 복잡한 데이터 관계를 표현하는 데 강력한 기능을 제공하지만, 프로그래밍 지식이 필요하고 구현에 시간이 소요되는 단점이 있다.

● 상용 시각화 도구

상용 시각화 도구는 그래픽 사용자 인터페이스(GUI)를 통해 드래그 앤 드롭 방식으로 시각화를 생성할 수 있어 비전문가도 쉽게 활용할 수 있다. 대표적인 상용 도구로는 Tableau, Microsoft Power BI, Qlik 등이 있으며, 이들 도구는 빠른 프로토타이핑과 배포에 적합하다.

Tableau는 직관적인 GUI를 제공하며, 대화형 대시보드 기능을 지원해 사용자가 필터링, 드릴다운, 하이라이팅 등 다양한 기능을 활용할 수 있다. 또한 다양한 데이터 소스와 연결이 용이해, 기업의 비즈니스 인텔리전스 보고서 작성과 실시간 판매 데이터 모니터링, 시장 분석 등 다양한 활용 사례가 있다.

Microsoft Power BI는 Excel과의 연동이 용이하여 기존 Excel 데이터를 손쉽게 시각화할 수 있으며, 클라우드 기반으로 데이터 저장 및 공유가 간편하고 비용 효율적인 도구이다. Qlik은 Associative Model을 기반으로 한 도구로 데이터 간 연관성을 자유롭게 탐색할 수 있으며 반응형 인터페이스를 통해 빠른 데이터 탐색을 지원한다.

상용 도구는 사용 용이성과 빠른 프로토타이핑, 통합 기능을 제공하지만, 커스터마이징에 제한이 있고 라이선스 비용이 발생하며, 특정 상황에서는 복잡한 분석이나 대규모 데이터 처리에 한계가 있을 수 있다.

● 도구 선택 시 고려 사항

시각화 도구를 선택할 때는 프로젝트 요구 사항, 팀의 기술 수준, 예산, 데이터의 복잡성 등을 종합적으로 고려해야 한다. 복잡한 커스터마이징이 필요하고 프로그래밍에 능숙한 팀은 D3.js나 Python 시각화 라이브러리를, 빠른 시각화 생성과 배포가 중요하며 비전문가가 주로 사용할 경우 Tableau나 Power BI 같은 BI 도구가 적합하다.

3. 대시보드와 BI 툴(Tableau, Power BI, Qlik 등) 간단 소개

현업에서는 분석 결과를 실시간으로 공유하고 의사 결정권자가 쉽게 이해할 수 있도록 대시보드를 활용한다. 대시보드는 다양한 시각화 요소를 한눈에 볼 수 있게 구성된 인터페이스로 핵심 지표를 실시간으로 모니터링할 수 있게 한다. 대표적인 BI 툴인 Tableau, Microsoft Power BI, Qlik은 각각 고유의 기능과 장점을 갖추고 있으며, 실시간 데이터 연동, 사용자 맞춤 인터페이스, 대화형 기능 등을 제공한다.

실시간 데이터 연동 기능은 데이터베이스, 클라우드, API 등 다양한 소스와 연결되어 데이터가 업데이트되면 대시보드도 자동으로 갱신된다. 사용자 맞춤 인터페이스는 사용자의 관심 지표를 빠르게 확인할 수 있도록 다양한 시각화 요소를 원하는 대로 배치할 수 있으며, 대화형 기능을 통해 사용자가 특정 구간을 클릭하거나 필터를 적용하여 자세한 정보를 탐색할 수 있다.

BI 툴의 장점은 비전문가도 손쉽게 시각화를 생성하고 신속하게 결과를 공유할 수 있다는 것이며, 통합된 데이터 연결과 저장, 분석 기능이 협업과 배포를 용이하게 한다. 그러나 커스터마이징이 제한적이고 라이선스 비용이 발생하는 단점이 있으며, 복잡한 분석이나 대규모 실시간 데이터 처리에는 한계가 있을 수 있다.

4. 3부 실습에서 사용할 파이썬 시각화와 연계 설명

이 장에서는 데이터 시각화의 중요성과 다양한 도구를 살펴보았다. 이후 3부 실습에서는 파이썬 기반의 시각화 라이브러리를 활용하여 실제 데이터 분석과 시각화 과정을 경험하게 된다.

Matplotlib은 파이썬에서 가장 기본적이고 널리 사용되는 시각화 라이브러리로 막대 그래프, 선 그래프, 산점도 등 다양한 기본 그래프를 생성할 수 있으며, 그래프의 세부 요소(색상, 레이블, 제목 등)를 세밀하게 조정할 수 있다. Seaborn은 Matplotlib을 기반으로 한 고수준 라이브러리로 통계적 시각화에 특화되어 있어 히트맵, 분포 그래프, 페어 플롯 등 복잡한 통계적 관계를 쉽게 시각화할 수 있다.

또한 Plotly와 Bokeh는 대화형 시각화를 지원하는 라이브러리로 사용자 상호작용이 가능한 동적 그래프나 대시보드를 구축할 수 있으며, 실시간 데이터 업데이트를 반영하는 데 강점을 가진다.

실습은 먼저 pandas 라이브러리를 활용하여 다양한 소스에서 데이터를 불러오고, 기초 통계 분석과 EDA를 통해 데이터 분포와 상관관계를 시각화하는 단계로 진행된다. 이후 Seaborn과 Matplotlib을 활용하여 정적인 그래프를 생성하고, Plotly를 활용해 대화형 그래프를 제작하는 실습을 진행한다. 이를 통해 학생들은 데이터 전처리부터 시각화, 결과 해석 및 보고까지 전체 과정을 체험하며, 실제 분석 환경에서 어떻게 시각화 도구들이 연계되어 사용되는지를 경험하게 된다.

예를 들어, 고객 세분화 분석에서는 데이터를 불러온 후 결측치와 이상치를 처리하고, K-Means 군집화를 수행한 뒤 Seaborn의 pairplot과 막대 그래프로 군집의 특성을 시각화한다. 매출 추이 분석에서는 시간대별 매출 데이터를 선 그래프로 표현하고, Seaborn의 heatmap으로 월별, 요일별 매출 분포를 시각화하며, Plotly를 활용한 대화형 그래프를 통해 상세 분석 결과를 확인할 수 있다. 제품 추천 시스템 시각화에서는 추천 시스템에서 생성된 추천 결과와 실제 구매 데이터를 불러와 추천 정확도 평가 지표를 바탕으로 Seaborn의 barplot과 파이차트, Plotly 기반 대화형 대시보드를 구성하여 모델의 강점과 약점을 파악하게 된다.

시각화 결과는 데이터의 패턴, 추세, 이상치 등을 명확히 전달하며, 그래프의 색상, 폰트, 레이아웃 등 심미적 요소와 명확한 레이블, 주석 등을 통해 핵심 메시지를 효과적으로 전달하는 모범 사례를 준수한다.

빅데이터는 더 이상 특정 IT 거대 기업이나 일부 부서의 전유물이 아니다. 마케팅, 금융, 의료, 공공 분야 등 거의 모든 산업이 빅데이터를 활용하여 보다 정확한 예측과 효과적인 전략을 수립하고 있다. 이는 기업 경쟁력을 높일 뿐만 아니라 정부와 지자체 차원에서도 데이터 기반 의사 결정을 통해 공공 서비스를 효율적으로 개선하는 길을 열어준다.

무엇보다 빅데이터 분석이 가져다준 가장 큰 변화는, 과거 직관이나 경험에 크게 의존했던 영역을 점차 데이터 중심의 '과학적 의사 결정'으로 전환시켰다는 점이다. 이러한 변화가 가속화될수록 정교하고 혁신적인 서비스와 제품이 지속적으로 탄생하며, 이것이 바로 우리가 몰래 누리고 있는 빅데이터 혁명의 실체이다.

⚜ 실습 10.1 Seaborn을 이용한 복잡한 그래프

Seaborn을 사용하여 여러 변수를 포함한 복잡한 산점도를 그린다.

```python
import seaborn as sns
import matplotlib.pyplot as plt

# 데이터 로드
tips = sns.load_dataset("tips")

# 산점도 그리기
sns.scatterplot(data=tips, x="total_bill", y="tip", hue="time",
size="size")
plt.title("Tips Analysis")
plt.show()
```

● 설명

1. sns.load_dataset()을 사용하여 Seaborn에 내장된 tips 데이터셋을 로드한다.
2. sns.scatterplot()을 사용하여 여러 변수를 포함한 산점도를 그린다.

3. x와 y로 주요 변수를, hue와 size로 추가 변수를 시각화한다.

이 그래프는 여러 차원의 데이터를 한 번에 시각화하는 방법을 보여 준다.

❀ 실습 10.2 Matplotlib을 이용한 서브플롯

Matplotlib을 사용하여 여러 그래프를 하나의 figure에 배치한다.

```python
python
import matplotlib.pyplot as plt

# 이전에 로드한 tips 데이터셋 사용

# 서브플롯 생성
fig, (ax1, ax2) = plt.subplots(1, 2, figsize=(12, 5))

# 첫 번째 서브플롯: 총 금액 히스토그램
ax1.hist(tips['total_bill'], bins=20)
ax1.set_title('Total Bill Distribution')
ax1.set_xlabel('Total Bill')
ax1.set_ylabel('Frequency')

# 두 번째 서브플롯: 요일별 팁 박스플롯
ax2.boxplot([tips[tips['day'] == day]['tip'] for day in tips['day'].
unique()],
labels=tips['day'].unique())
ax2.set_title('Tips by Day')
ax2.set_xlabel('Day')
ax2.set_ylabel('Tip Amount')
plt.tight_layout()
plt.show()
```

● 설명

1. plt.subplots()를 사용하여 1행 2열의 서브플롯을 생성한다.
2. 첫 번째 서브플롯에는 총 금액의 히스토그램을 그린다.
3. 두 번째 서브플롯에는 요일별 팁 금액의 박스플롯을 그린다.
4. tight_layout()을 사용하여 서브플롯 간의 간격을 자동으로 조정한다.

이 예제는 여러 그래프를 조합하여 데이터의 다양한 측면을 한 번에 시각화하는 방법을 보여 준다.

📑 요약

10장에서는 빅데이터 분석 과정에서 '시각화'가 가지는 중요성과, 이를 실현하기 위한 다양한 도구를 살펴봤다.

1. 빅데이터 시각화의 중요성: 방대한 수치를 효과적으로 요약·전달하기 위해 필수적
2. 시각화 도구 개요: 오픈소스(코드 기반)와 BI 툴(드래그앤드롭)로 구분되며, 활용 목적이나 배포 방식에 따라 선택
3. 대시보드와 BI 툴: 실시간 데이터를 대화형 그래프로 제공해 기업 의사 결정에 즉각적으로 반영
4. 파이썬 시각화 라이브러리: Matplotlib, Seaborn, Plotly 등

결국 데이터 시각화는 숫자 뒤에 숨은 이야기를 효과적으로 드러내고, 분석 결과를 의사 결정으로 연결하는 핵심 연결고리이다. 다음 3부에서는 이러한 기법들을 실제 파이썬 환경에서 적용해 보며, 통계·빅데이터 분석 역량을 본격적으로 갈고 닦는다.

✍ 연습 문제

(참/거짓)아래 문제에 대해 참(T)/거짓(F)으로 답하라.

1. 시각화는 분석 결과를 직관적으로 전달해 의사 결정에 도움을 준다. (T/F)

2. Tableau나 Power BI와 같은 BI 툴은 프로그래밍 없이도 쉽게 그래프·대시보드를 구성할 수 있다. (T/F)

(단답형)아래 문제에 단답형으로 답하고 빈칸을 채우라.

3. 수많은 숫자 대신 도형·색상으로 정보를 전달하는 것을 '데이터 ____'라 부른다.

4. 히스토그램, 파이차트, 막대그래프 등 다양한 그래프를 직접 코드로 그릴 수 있는 파이썬 라이브러리는 _____ 이다.

(서술형)아래 문제에 대한 답을 서술하라.

5. 시각화 결과물이 효과적이려면 고려해야 할 요소(색상, 눈금, 범례 등)를 간단히 나열해 보세요.

_____

_____

_____

_____

_____

제 3부

파이썬을 활용한 통계와 빅데이터 실습

3부에서는 그동안 배운 통계 이론과 빅데이터 개념을 실제 코드로 구현하며, 데이터를 직접 다뤄 보는 과정을 안내한다. 이론 지식만으로는 충분치 않은 실무 감각을 파이썬이라는 강력하고 유연한 언어로 익힌다.

먼저 11장에서는 파이썬 개발 환경(Anaconda, Colab 등)을 설정하고, 기본 문법(자료형, 리스트, 딕셔너리, 반복문, 함수)을 탄탄히 다진다. 특히 Numpy와 Pandas는 데이터 처리를 효율적으로 해 주는 핵심 라이브러리이므로 파일 입출력부터 기본 연산까지 직접 실습해 보며 '데이터 다루기의 시작'을 체감한다. 12장에서는 1부에서 배운 통계 개념을 파이썬으로 구현하며 진정한 '데이터 분석' 경험을 쌓는다. Pandas를 활용한 기술 통계와 EDA(탐색적 데이터 분석)부터, t-검정, ANOVA, 카이제곱 검정 등 실제 업무나 연구에서 자주 쓰이는 가설 검정 예제를 수행한다. 이어 단순/다중 회귀 분석을 통해 어떤 독립 변수가 결과에 유의미한 영향을 미치는지도 확인한다. 이를 종합한 미니 프로젝트에서는 "어떤 변수와 결과가 유의한 관계가 있는가?" 같은 실제 현업 시나리오를 재현하여 직접 통계 분석의 흐름을 경험한다.

13장에서는 한발 더 나아가 Spark를 활용한 빅데이터 처리 실습에 도전한다. 로컬/Colab/클러스터 환경 설정부터 시작해 Spark DataFrame과 RDD를 이용해 대용량 데이터를 읽고 전처리하는 과정을 익힌다. 예제를 통해 집계, 필터링, 조인 같은 기본 연산을 수행하고, 대규모 데이터에서도 EDA를 진행하는 요령을 익힌다. 이를 통해 빅데이터가 가진 '규모의 복잡성'을 실제로 체험할 수 있다. 14장에서는 데이터 분석 결과를 '시각적으로' 표현하는 기법을 연습한다. matplotlib, seaborn, plotly 등 주요 라이브러리를 활용해 파이차트, 바차트, 히스토그램, 시계열 그래프, 히트맵 등을 생성하고, 색상·레이아웃·대화형 기능까지 살려 설득력 있는 시각화를 만드는 방법을 익힌다. 특히 Spark와의 연계 팁을 배워 대용량 데이터에서도 효율적으로 그래프를 뽑아 낼 수 있는 요령을 갖춘다.

마지막 15장은 '종합 과제'로, 한국 공공 데이터 포털/API에서 실제 데이터를 수집·전처리·분석·시각화하는 프로젝트를 진행한다. 여기서는 통계 분석 기법이나 간단 머신러닝 모델을 적용해 실무형 분석 프로젝트를 완성하고, 보고서까지 작성함으로써 데이터를 다루는 전 과정을 한눈에 파악한다. 팀 프로젝트 또는 개인 과제 시 협업 툴(GitHub, Colab)을 이용하는 팁도 소개해 데이터 분석 역량과 프로젝트 관리 능력을 함께 키운다.

3부는 이 책의 모든 배움을 직접 손으로 코딩하여 확인하는 무대이다. 통계와 빅데이터 이론을 실제로 구현하고, 문제 해결 능력을 키우며, 시각화와 보고서 작성까지 '데이터 분석 전 과정'을 경험해 보자.

제11장

파이썬 기초 – 데이터 다루기의 시작

Anaconda, Colab 등 파이썬 개발 환경 설정부터 기본 문법(자료형, 리스트, 딕셔너리, 함수 등), 그리고 Numpy·Pandas 같은 필수 라이브러리를 소개해 실제 데이터 처리를 시작할 준비를 갖춘다.

학습 목표
- Anaconda, Colab 등 파이썬 환경을 설정하고 기본 문법(자료형, 제어문 등)을 학습한다.
- Numpy, Pandas를 이용해 배열, DataFrame 기반 연산을 수행할 수 있다.
- CSV, Excel 파일 입출력 방법을 실습해 간단한 데이터 처리를 시작한다.

학습 내용
- 파이썬 개발 환경(Anaconda, Colab) 설정과 기본 문법(자료형, 제어문 등) 학습
- Numpy·Pandas 라이브러리로 배열·DataFrame 연산 방법 익히기
- CSV·Excel 등 파일 입출력 실습으로 기본 데이터 처리 경험

1. 파이썬 설치 및 개발 환경 설정

파이썬을 활용해 데이터 분석을 시작하기 위해서는 안정적이고 효율적인 개발 환경 구축이 중요하다. 대표적인 방법으로 Anaconda 배포판과 구글 Colab을 소개한다.

● Anaconda 설치 및 환경 설정

Anaconda는 파이썬과 R 등 데이터 과학용 라이브러리를 한 번에 설치할 수 있는 배포판이다. 또한, 가상 환경(virtual environment)을 쉽게 관리할 수 있어 프로젝트별로 독립적인 패키지 환경을 유지할 수 있다.

● 설치 방법

1. Anaconda 공식 웹사이트에서 운영체제에 맞는 설치 파일을 다운로드한다.
2. 다운로드한 설치 파일을 실행하고, 화면의 설치 지침에 따라 Anaconda를 설치한다.

설치가 완료되면 Anaconda Navigator나 명령 프롬프트(터미널)에서 conda명령어를 사용할 수 있다.

가상 환경 관리

가상 환경은 다음 명령어로 생성할 수 있다.

```
conda create -n myenv python=3.9
```

생성한 가상 환경은 다음 명령어로 활성화한다.

```
conda activate myenv
```

가상 환경을 비활성화하려면 다음 명령어를 입력한다.

```
conda deactivate
```

가상 환경을 사용하면 프로젝트별로 다른 패키지 버전을 관리할 수 있어 패키지 충돌을 방지할 수 있다.

주요 라이브러리 포함

Anaconda는 Numpy, Pandas, Matplotlib, Scikit-learn 등 데이터 분석에 필수적인 라이브러리를 기본적으로 포함하고 있어, 별도의 설치 없이 바로 활용할 수 있다.

● 구글 Colab 소개 및 활용

구글 Colab은 웹 기반의 무료 파이썬 노트북 환경이다. 별도의 설치 없이 웹 브라우저에서 파이썬 코드를 작성하고 실행할 수 있으며, 특히 GPU와 TPU 자원을 무료로 제공하여 머신러닝 모델 학습에도 유용하다.

접속 방법

Google Colab 웹사이트에 접속한다. 구글 계정으로 로그인한 후, 새로운 노트북을 생성하거나 기존 노트북을 열어 작업할 수 있다.

장점

* 웹 브라우저만 있으면 어디서든 쉽게 접속할 수 있다.
* 실시간으로 다른 사용자와 노트북을 공유하고 협업할 수 있다.
* GPU, TPU 등의 고성능 연산 자원을 무료로 사용할 수 있다.
* 모든 작업 내용이 구글 드라이브에 자동 저장되어 데이터 손실 위험이 적다.

활용 방법

Colab은 데이터 분석 및 시각화, 머신러닝 모델 학습 및 평가, 실시간 데이터 처리 및 시뮬레이션 등에 활용할 수 있다.

● 기타 개발 환경 도구

Jupyter Notebook

인터랙티브한 파이썬 코드를 작성하고 실행할 수 있는 환경으로, 데이터 분석과 시각화에 최적화되어 있다. Anaconda 설치 시 함께 제공되며 웹 브라우저 기반으로 사용된다.

VS Code(Visual Studio Code)

마이크로소프트에서 개발한 무료 코드 에디터로, 다양한 확장 기능을 통해 파이썬 개발에 최적화할 수 있다. 디버깅, Git 통합, 플러그인 지원 등 다양한 기능을 제공한다.

2. 파이썬 기본 문법

파이썬은 간결한 문법과 높은 가독성 덕분에 초보자도 쉽게 배울 수 있는 프로그래밍 언어이다. 데이터 분석을 위해서는 기본적인 문법과 자료 구조 숙지는 필수적이다.

● 자료형(데이터 타입)

파이썬은 동적 타이핑 언어로, 변수에 데이터 타입을 명시하지 않고도 다양한 값을 할당할 수 있다. 주요 자료형은 다음과 같다.

정수형(int)
음수, 양수, 0 등 정수를 나타낸다.

```
a = 10
b = -5
c = 0
```

실수형(float)

소수점을 포함한 실수를 나타낸다.

```
x = 3.14
y = -0.001
```

문자열(str)

텍스트 데이터를 따옴표(' ' 또는 " ")로 감싸서 표현한다.

```
name = "Alice"
greeting = 'Hello, World!'
```

불리언 (bool)

참(True)과 거짓(False)을 나타낸다.

```
is_active = True
is_admin = False
```

● 리스트(List)

리스트는 순서가 있는 데이터의 컬렉션이며, 대괄호([])로 감싸서 생성한다.

리스트 생성 및 요소 접근

```
fruits = ["apple", "banana", "cherry"]
print(fruits[0]) # 출력: apple
print(fruits[-1]) # 출력: cherry
```

```
fruits.append("date") # 요소 추가
fruits.remove("banana") # 특정 요소 제거
fruits[1] = "blueberry" # 특정 인덱스 요소 수정
```

● 딕셔너리(Dictionary)

딕셔너리는 중괄호(⑴)를 사용해 키-값 쌍으로 데이터를 저장하며, 키를 통해 값을 접근한다.

딕셔너리 생성 및 요소 접근

```
person = {
    "name": "John",
    "age": 30,
    "city": "New York"
}
print(person["name"]) # 출력: John
print(person.get("age")) # 출력: 30
```

딕셔너리 조작

```
person["email"] = "john@example.com" # 새로운 키-값 추가
del person["city"] # 특정 키-값 삭제
person.update({"age": 31}) # 값 업데이트
```

● 반복문(For/While)

반복문은 특정 작업을 반복 수행할 때 사용된다.

▶ for 문

```
fruits = ["apple", "banana", "cherry"]
for fruit in fruits:
    print(fruit)
```

출력

```
apple, banana, cherry
```

▶ while 문

```
count = 0
while count < 5:
    print(count)
    count += 1
```

출력

```
0, 1, 2, 3, 4
```

● 함수(Function)

함수는 특정 작업을 수행하는 코드 블록으로 def 키워드를 사용하여 정의하고 재사용성을 높여 코드를 모듈화한다.

함수 정의 및 호출

```python
def greet(name):
    return f"Hello, {name}!"

message = greet("Alice")
print(message) # 출력: Hello, Alice!
```

기본 인자와 키워드 인자

```python
def add(a, b=5):
return a + b

print(add(10)) # 출력: 15 (기본 인자 사용)
print(add(10, 20)) # 출력: 30 (키워드 인자 사용)
```

● 기타 기본 문법

▶ 조건문(If/Else)

```python
age = 18
if age >= 18:
    print("Adult")
else:
    print("Minor")
```

```
Adult
```

▶ 리스트 컴프리헨션 (List Comprehension)

```
numbers = [1, 2, 3, 4, 5]
squares = [n * n for n in numbers]
print(squares)
```

출력

```
[1, 4, 9, 16, 25]
```

▶ 예외 처리(Exception Handling)

```
try:
    result = 10 / 0
except ZeroDivisionError:
    print("Cannot divide by zero.")
```

출력

```
Cannot divide by zero.
```

❧ 실습 11.1 리스트와 딕셔너리 활용하기

```python
# 학생들의 이름과 점수를 딕셔너리로 저장
students = {
    "Alice": 85,
    "Bob": 92,
    "Charlie": 78,
    "David": 90
}

# 모든 학생의 점수를 출력
for name, score in students.items():
    print(f"{name}: {score}")

# 특정 학생의 점수 업데이트
students["Charlie"] = 88
print(students["Charlie"])
```

출력

```
88
```

❦ 실습 11.2 함수와 반복문을 이용한 평균 점수 계산

```python
def calculate_average(scores):
    total = 0
    for score in scores:
        total += score
return total / len(scores)

# 학생들의 점수 리스트
scores = [85, 92, 78, 90, 88]

# 평균 점수 계산
average = calculate_average(scores)
print(f"Average score: {average}")
```

출력

```
Average score: 86.6
```

3. 데이터 분석 필수 라이브러리(Numpy, Pandas) 소개

데이터 분석에서는 Numpy와 Pandas가 핵심 라이브러리이다. 두 라이브러리는 효율적인 데이터 처리와 분석을 가능하게 하며, 이후 다양한 분석 도구와 연계하여 사용된다.

● Numpy(Numerical Python)

Numpy는 고성능 수치 연산을 지원하는 라이브러리로, 다차원 배열 객체인 ndarray를 중심으로 다양한 수학 함수를 제공한다.

▶ 다차원 배열 객체 (ndarray) 생성 예제

```python
import numpy as np

# 1차원 배열 생성
arr1 = np.array([1, 2, 3, 4, 5])
print(arr1) # 출력: [1 2 3 4 5]

# 2차원 배열 생성
arr2 = np.array([[1, 2, 3], [4, 5, 6]])
print(arr2)
```

출력

```
[[1 2 3]
 [4 5 6]]
```

▶ 벡터 및 행렬 연산 예제

```python
a = np.array([1, 2, 3])
b = np.array([4, 5, 6])

# 원소별 덧셈
c = a + b
print(c)
```

출력

```
[5 7 9]
```

▶ 행렬 곱셈

```
A = np.array([[1, 2], [3, 4]])
B = np.array([[5, 6], [7, 8]])
C = np.dot(A, B)
print(C)
```

출력

```
[[19 22]
 [43 50]]
```

▶ 수학 함수 활용 예제

```
x = np.array([0, np.pi/2, np.pi])
sin_x = np.sin(x)
print(sin_x)
```

출력

```
[0.000000e+00 1.000000e+00 1.224647e-16]
```

Numpy는 C 언어로 구현되어 파이썬 내장 리스트보다 훨씬 빠른 연산 속도와 메모리 효율성을 제공하며, 선형대수, 푸리에 변환, 난수 생성 등 다양한 수학적 기능을 지원한다.

● Pandas

Pandas는 데이터 조작과 분석에 특화된 라이브러리로 DataFrame과 Series 자료 구조를 통해 스프레드시트와 유사하게 데이터를 다룰 수 있다.

▶ DataFrame 생성 및 출력 예제

```python
import pandas as pd

data = {
    "Name": ["Alice", "Bob", "Charlie"],
    "Age": [25, 30, 35],
    "City": ["New York", "Los Angeles", "Chicago"]
}
df = pd.DataFrame(data)
print(df)
```

출력

```
      Name  Age         City
0    Alice   25     New York
1      Bob   30  Los Angeles
2  Charlie   35      Chicago
```

▶ Series 생성 및 출력 예제

```python
ages = df["Age"]
print(ages)
```

출력

```
0    25
1    30
2    35
Name: Age, dtype: int64
```

▶ CSV 파일 만들기 예제

```python
import pandas as pd
import numpy as np

# 샘플 데이터 생성
data = {
    'Name': ['John', 'Alice', 'Bob', 'Charlie', 'David'],
    'Age': [28, 24, 32, 35, 29],
    'City': ['New York', 'San Francisco', 'Los Angeles', 'Chicago',
'Boston'],
    'Salary': [75000, 82000, 68000, 71000, 80000]
}

# 데이터프레임 생성
df = pd.DataFrame(data)

# CSV 파일로 저장
df.to_csv("data.csv", index=False)

print("data.csv 파일이 생성되었습니다.")
```

▶ CSV 파일 입출력 예제

```python
import pandas as pd

# CSV 파일 읽기
df = pd.read_csv("data.csv")
print(df.head())

# CSV 파일 쓰기
df.to_csv("output.csv", index=False)
```

출력

```
       Name  Age          City  Salary
0      John   28      New York   75000
1     Alice   24  San Francisco   82000
2       Bob   32   Los Angeles   68000
3   Charlie   35       Chicago   71000
4     David   29        Boston   80000
```

▶ Excel 파일 입출력 예제

```
# Excel 파일 읽기 (Sheet1)
df = pd.read_excel("data.xlsx", sheet_name="Sheet1")
print(df.head())

# Excel 파일 쓰기
df.to_excel("output.xlsx", sheet_name="Sheet1", index=False)
```

● SQLite 데이터베이스 만들기

SQLite를 Python에서 연동하기 위한 간단한 방법은 다음과 같다.

SQLite 설치

Python에는 SQLite가 기본으로 내장되어 있어 별도 설치가 필요 없다.

DB 생성 및 연결

```
import sqlite3
conn = sqlite3.connect("database.db")
```

이 코드로 database.db 파일이 생성되며, 없으면 새로 만든다.

테이블 생성

```
cursor = conn.cursor()
cursor.execute('''CREATE TABLE IF NOT EXISTS users
                (id INTEGER PRIMARY KEY, name TEXT, email TEXT)''')
conn.commit()
```

이 코드로 users 테이블이 생성된다.

데이터 삽입(선택 사항)

```
  cursor.execute("INSERT INTO users (name, email) VALUES (?, ?)",
("John Doe", "john@example.com"))
  conn.commit()
```

▶ SQLite 데이터베이스 연동 예제

```
import sqlite3
import pandas as pd

# 데이터베이스 연결
conn = sqlite3.connect("database.db")

# SQL 쿼리로 데이터 읽기
df = pd.read_sql_query("SELECT * FROM users", conn)
print(df.head())

# DataFrame을 SQL 테이블로 저장
df.to_sql("users_backup", conn, if_exists="replace", index=False)

# 연결 종료
conn.close()
```

결과

```
#   id       name              email
#0  1    John Doe     john@example.com
#1  2    Jane Smith   jane@example.com
#2  3    Bob Johnson   bob@example.com
```

Pandas는 데이터의 정제, 필터링, 변환, 집계, 피벗, 통계 요약 등 강력한 데이터 분석 기능을 제공하며, CSV, Excel, SQL 등 다양한 데이터 소스를 손쉽게 다룰 수 있다.

● **Numpy와 Pandas의 비교 및 활용 전략**

Numpy는 주로 수치 연산과 배열 조작에 강점을 가지며, Pandas는 구조화된 데이터를 조작하고 분석하는 데 최적화되어 있다. 두 라이브러리를 함께 사용하면 다음과 같이 데이터 분석이 효율적으로 이루어진다.

1. 데이터를 Pandas로 불러오고 정제한다.
2. Numpy를 활용해 고속의 수치 연산을 수행한다.
3. Pandas와 Numpy를 기반으로 Scikit-learn 등 추가 분석 라이브러리를 사용해 모델링을 진행한다.

4. 간단한 데이터 입출력(파일, CSV, Excel 등)

데이터 분석의 첫 단계는 데이터를 수집하고, 저장된 데이터를 불러와 분석할 수 있도록 준비하는 것이다. 파이썬에서는 Pandas를 사용해 다양한 파일 형식(CSV, Excel, 텍스트 파일 등)을 쉽게 다룰 수 있다.

● CSV 파일 입출력

CSV 파일은 각 행이 데이터 레코드를 나타내며, 쉼표로 구분된 열을 포함하는 가장 일반적인 데이터 형식이다.

CSV 파일 읽기

```python
import pandas as pd

# CSV 파일 읽기
df = pd.read_csv("data.csv")
print(df.head())
```

CSV 파일 쓰기

```python
# DataFrame을 CSV 파일로 저장(인덱스 없이)
df.to_csv("output.csv", index=False)
```

● Excel 파일 입출력

Excel 파일은 다양한 데이터 형식과 복잡한 구조를 지원하는 스프레드시트 형식이다.

Excel 파일 읽기

```python
# 특정 시트 읽기
df = pd.read_excel("data.xlsx", sheet_name="Sheet1")
print(df.head())
```

Excel 파일 쓰기

```
# DataFrame을 Excel 파일로 저장 (Sheet1, 인덱스 없이)
df.to_excel("output.xlsx", sheet_name="Sheet1", index=False)
```

● 텍스트 파일 입출력

일반 텍스트 파일은 형식 없이 저장된 데이터를 처리할 때 유용하다.

텍스트 파일 읽기

```
# 텍스트 파일 전체 읽기
with open("data.txt", "r") as file:
    data = file.read()
print(data)
```

텍스트 파일 쓰기

```
# 텍스트 파일에 문자열 쓰기
with open("output.txt", "w") as file:
    file.write("Hello, World!")
```

Pandas를 활용한 텍스트 파일 읽기(공백 기준)

```
# 공백을 구분자로 텍스트 파일 읽기
df = pd.read_csv("data.txt", delim_whitespace=True)
print(df.head())
```

● 데이터베이스 입출력

데이터베이스는 대규모 데이터를 효율적으로 저장하고 관리할 수 있는 시스템이다. SQLAlchemy 등의 라이브러리를 사용해 데이터베이스와 연동할 수 있다.

데이터베이스 연결 및 데이터 읽기

```python
import pandas as pd
from sqlalchemy import create_engine

# SQLite 데이터베이스 연결
engine = create_engine('sqlite:///database.db')

# SQL 쿼리 실행하여 데이터 읽기
df = pd.read_sql_query("SELECT * FROM users", engine)
print(df.head())
```

데이터베이스에 데이터 쓰기

```python
# DataFrame을 SQL 테이블로 저장 (테이블이 있으면 교체)
df.to_sql("users_backup", engine, if_exists="replace", index=False)
```

● 파일 입출력 시 주의사항

파일 경로

파일을 읽거나 쓸 때는 절대 경로 또는 프로젝트 루트 기준의 상대 경로를 정확히 지정해야 한다.

인코딩

텍스트 파일을 읽거나 쓸 때는 인코딩(예: UTF-8)을 주의해야 한다.

```python
# 특정 인코딩을 지정해 CSV 파일 읽기
df = pd.read_csv("data.csv", encoding="utf-8")
```

예외 처리

파일 입출력 시 발생할 수 있는 예외를 처리해 프로그램이 중단되지 않도록 한다.

```python
try:
    df = pd.read_csv("data.csv")
except FileNotFoundError:
    print("파일을 찾을 수 없다.")
except pd.errors.EmptyDataError:
    print("파일이 비어 있다.")
except Exception as e:
    print(f"예기치 않은 오류 발생: {e}")
```

⚜ 실습 11. 3 CSV 파일 읽기 및 데이터 요약

```python
import pandas as pd

# CSV 파일 읽기
df = pd.read_csv("sales_data.csv")

# 데이터의 첫 5행 출력
print(df.head())

# 데이터 요약 통계량 출력
print(df.describe())

# 'Sales' 열의 평균 계산
average_sales = df["Sales"].mean()
print(f"Average Sales: {average_sales}")
```

✤ 실습 11. 4 Excel 파일에서 특정 시트 데이터 처리

```python
import pandas as pd

# Excel 파일의 'Employees' 시트 읽기
df = pd.read_excel("employee_data.xlsx", sheet_name="Employees")

# 결측치 확인
print(df.isnull().sum())

# 결측치 제거
df.dropna(inplace=True)

# 직원 수 출력
print(f"Number of Employees: {len(df)}")
```

✤ 실습 11. 5 텍스트 파일에서 데이터 추출하기

```python
# 텍스트 파일 읽기
with open("log.txt", "r") as file:
    logs = file.readlines()

# 'ERROR'가 포함된 로그만 추출
error_logs = [log for log in logs if "ERROR" in log]

# 추출된 로그 출력
for log in error_logs:
    print(log)
```

✤ 실습 11. 6 SQL 데이터베이스에서 데이터 불러오기 및 저장하기

```python
import pandas as pd
from sqlalchemy import create_engine

# SQLite 데이터베이스 연결
engine = create_engine('sqlite:///sales.db')

# SQL 쿼리로 데이터 읽기
df = pd.read_sql_query("SELECT * FROM transactions", engine)
print(df.head())

# 'Total' 열 생성: Quantity * Price 계산
df["Total"] = df["Quantity"] * df["Price"]

# 새로운 테이블로 저장 (기존 테이블 있으면 교체)
df.to_sql("transactions_with_total", engine, if_exists="replace",
index=False)
```

이 장에서는 파이썬의 설치 및 개발 환경 설정, 기본 문법, 데이터 분석에 필수적인 라이브러리(Numpy, Pandas) 소개, 그리고 다양한 데이터 입출력 방법에 대해 학습했다. 이러한 기초 지식을 바탕으로 이후 장들에서는 심화된 데이터 분석 기법과 실습을 통해 실제 데이터 분석 프로젝트를 수행할 수 있는 능력을 배양하게 될 것이다.

데이터 분석은 단순한 기술 습득을 넘어 데이터를 이해하고 문제를 해결하며 가치를 창출하는 과정임을 기억하고, 꾸준한 실습과 학습을 통해 파이썬을 활용한 데이터 분석의 전문가로 성장해야 한다.

📑 요약

11장에서는 파이썬 개발 환경을 설정하고, 기본 문법(자료형, 리스트, 딕셔너리 등)을 익히며, 데이터 분석에 꼭 필요한 Numpy와 Pandas를 소개합니다. 파일 입출력까지 다루면서, 앞으로 이어질 통계 분석 및 빅데이터 처리 실습을 위한 기초 체력을 길렀다. 한 걸음씩 실습해 보면, 파이썬이 얼마나 직관적이고 강력한 도구인지 체감할 수 있을 것이다.

✍ 연습 문제

(참/거짓)아래 문제에 대해 참(T)/거짓(F)으로 답하라.

1. 파이썬은 컴파일 언어이므로, 코드를 수정할 때마다 컴파일 과정을 거쳐야 실행할 수 있다. (T/F)

2. Pandas는 1차원·2차원 배열 연산에 특화되어 있고, Numpy는 주로 표 형태의 데이터프레임을 다루는 라이브러리다. (T/F)

(단답형)아래 문제에 단답형으로 답하고 빈칸을 채우라.

3. Python에서 반복문을 작성할 때 사용하는 키워드는 ____ 이다.

4. CSV 파일을 Pandas로 읽어올 때 가장 자주 사용하는 함수는 `pd.____('파일명.csv')` 이다.

(서술형)아래 문제에 대한 답을 서술하라.

5. 파이썬에서 리스트와 딕셔너리는 각각 어떤 상황에 활용하기 좋은지 간단히 서술하라.

_____

_____

_____

_____

_____

제12장

통계 분석 실습: 실제 데이터를 분석하다

　　Pandas로 기술 통계 및 EDA를 수행하고, t-검정, ANOVA, 카이제곱 검정, 회귀 분석 등을 직접 파이썬 코드로 구현한다. 작은 미니 프로젝트를 통해, 통계 이론을 '현실 문제 해결'에 적용하는 과정을 경험한다.

🎯 학습 목표
- Pandas로 기술 통계, EDA 과정을 거쳐 데이터 분포와 특징을 파악한다.
- t-검정, ANOVA, 카이제곱 검정 등 통계적 가설 검정을 파이썬으로 구현한다.
- 회귀 분석(단순/다중) 예제를 실습하고, 통계 이론을 실제 문제에 적용해 본다.

🎯 학습 내용
- Pandas 기반의 기술 통계 및 EDA로 데이터 분포와 특징 파악
- t-검정, ANOVA, 카이제곱 검정, 회귀 분석 등 통계 기법 파이썬 구현
- 미니 프로젝트로 통계 이론을 실제 비즈니스 문제 해결에 적용

1. Pandas를 이용한 기술 통계와 EDA

실제 데이터 분석의 첫 단계는 데이터의 분포와 기본 특성을 파악하는 것이다. Pandas 라이브러리는 탐색적 데이터 분석(EDA)을 효율적으로 수행할 수 있는 다양한 함수를 제공하여 데이터의 요약 통계와 구조를 쉽게 파악할 수 있게 해 준다.

데이터 생성하기

이 코드는 CSV 모듈을 사용하여 데이터를 쉽게 저장할 수 있다.

```python
import csv

# 데이터 정의
data = [
    ['Name', 'Age', 'City', 'Salary'],
    ['John', '28', 'New York', '75000'],
    ['Alice', '24', 'San Francisco', '82000'],
    ['Bob', '32', 'Los Angeles', '68000'],
    ['Charlie', '35', 'Chicago', '71000'],
    ['David', '29', 'Boston', '80000']
]

# CSV 파일로 데이터 저장
filename = 'data.csv'

with open(filename, 'w', newline='') as file:
    writer = csv.writer(file)
    writer.writerows(data)

print(f"데이터가 {filename} 파일에 성공적으로 저장되었습니다.")
```

이 코드는 다음과 같이 작동한다.

1. csv 모듈을 임포트한다.
2. 데이터를 2차원 리스트로 정의한다.

3. 파일 이름을 data.csv로 지정한다.

4. open() 함수를 사용하여 파일을 쓰기 모드(w)로 연다.

5. csv.writer() 객체를 생성한다.

6. writerows() 메소드를 사용하여 모든 행을 한 번에 파일에 쓴다.

7. 작업이 완료되면 성공 메시지를 출력한다.

코드를 실행하면 data.csv 파일이 현재 작업 디렉토리에 생성되며, 주어진 데이터가 CSV 형식으로 저장된다.

데이터 불러오기

```python
import pandas as pd
df = pd.read_csv("data.csv")
```

기술 통계 확인

```python
print(df.describe())
```

또한 데이터의 전반적 구조를 파악하기 위해 head(), info(), shape 등의 함수를 활용할 수 있다. head()는 데이터 프레임의 처음 몇 행을 출력하여 데이터의 형식과 내용을 빠르게 확인할 수 있으며, info()는 각 열의 데이터 타입과 결측치 개수 등을 제공하고, shape는 데이터의 행과 열의 수를 튜플 형태로 반환하여 데이터의 규모를 파악하게 해 준다.

데이터의 첫 5행 확인

```python
print(df.head())
```

데이터프레임 정보 확인

```
print(df.info())
```

데이터프레임의 형태 확인(행, 열)

```
print(df.shape)
```

범주형 변수의 분포를 이해하기 위해 value_counts() 함수를 사용하면 특정 열의 각 고유값에 대한 빈도수를 쉽게 계산할 수 있다.

특정 열의 빈도수 확인

```
print(df['Category'].value_counts())
```

또한, groupby() 함수를 사용하면 데이터를 특정 기준으로 그룹화하여 각 그룹에 대한 집계 연산을 수행할 수 있다. 예를 들어, 'Category'별 'Sales'의 평균을 계산하여 그룹 간 차이를 파악할 수 있다.

카테고리별 평균 매출 계산

```
grouped = df.groupby('Category')['Sales'].mean()
print(grouped)
```

숫자만으로는 파악하기 어려운 데이터의 패턴이나 관계는 시각화를 통해 쉽게 이해할 수 있다. Matplotlib과 Seaborn을 활용하면 다양한 그래프를 생성하여 데이터의 분포, 이상치, 변수 간 상관관계를 시각적으로 확인할 수 있다.

```
import matplotlib.pyplot as plt
import seaborn as sns
```

```
# 히스토그램: 매출 분포 확인
plt.figure(figsize=(10,6))
sns.histplot(df['Sales'], bins=30, kde=True)
plt.title('Sales Distribution')
plt.xlabel('Sales')
plt.ylabel('Frequency')
plt.show()

# 박스플롯: 카테고리별 매출의 이상치 확인
plt.figure(figsize=(8,6))
sns.boxplot(x='Category', y='Sales', data=df)
plt.title('Sales by Category')
plt.xlabel('Category')
plt.ylabel('Sales')
plt.show()

# 산점도: 광고 예산과 매출 간의 상관관계 확인
plt.figure(figsize=(10,6))
sns.scatterplot(x='Advertising', y='Sales', data=df)
plt.title('Advertising vs Sales')
plt.xlabel('Advertising Budget')
plt.ylabel('Sales')
plt.show()
```

이처럼 Pandas를 활용한 기술통계와 EDA는 데이터의 기본적인 특성과 구조를 이해하는 데 필수적이며, 시각화 도구와 함께 사용하면 데이터의 패턴과 이상치를 더욱 직관적으로 파악할 수 있다.

2. t-검정, ANOVA, 카이제곱 검정 등 간단한 가설 검정 예제

가설 검정은 특정 가설이 데이터에 의해 통계적으로 지지되는지를 판단하는 과정이다. 이 절에서는 t-검정, ANOVA, 카이제곱 검정을 실제 데이터셋을 활용하여 실습한다.

● t-검정(t-test)

t-검정은 두 집단 간의 평균 차이가 유의미한지를 검정하는 방법이다.

독립 표본 t-검정(Independent t-test)

남성과 여성의 평균 소비금액에 차이가 있는지를 검정한다.

```python
import pandas as pd
from scipy import stats

# 데이터 불러오기
df = pd.read_csv("sales_data.csv")

# 남성과 여성 데이터 분리
male_sales = df[df['Gender'] == 'Male']['Sales']
female_sales = df[df['Gender'] == 'Female']['Sales']

# 독립 표본 t-검정 수행
t_stat, p_value = stats.ttest_ind(male_sales, female_sales)
print(f"t-statistic: {t_stat}")
print(f"p-value: {p_value}")
if p_value < 0.05:
    print("남녀의 평균 소비금액에 유의미한 차이가 있습니다.")
else:
    print("남녀의 평균 소비금액에 유의미한 차이가 없습니다.")
```

대응 표본 t-검정(Paired t-test)

같은 집단에서 마케팅 캠페인 전후의 매출 변화를 비교한다.

```python
# 마케팅 캠페인 전후 데이터
before_campaign = df['Sales_before']
after_campaign = df['Sales_after']

# 대응 표본 t-검정 수행
t_stat, p_value = stats.ttest_rel(before_campaign, after_campaign)
```

```
print(f"t-statistic: {t_stat}")
print(f"p-value: {p_value}")


if p_value < 0.05:
    print("마케팅 캠페인이 매출에 유의미한 영향을 미쳤습니다.")
else:
    print("마케팅 캠페인이 매출에 유의미한 영향을 미치지 않았습니다.")
```

● ANOVA(분산 분석)

ANOVA는 세 개 이상의 집단 간의 평균 차이를 검정하는 방법이다.

일원 분산 분석(One-way ANOVA)

세 개 이상의 지역별 매출 차이를 검정한다.

```
# 지역별 매출 데이터
region_a = df[df['Region'] == 'A']['Sales']
region_b = df[df['Region'] == 'B']['Sales']
region_c = df[df['Region'] == 'C']['Sales']

# 일원 ANOVA 수행
f_stat, p_value = stats.f_oneway(region_a, region_b, region_c)
print(f"F-statistic: {f_stat}")
print(f"p-value: {p_value}")
if p_value < 0.05:
    print("적어도 하나의 지역 간 매출 차이가 유의미합니다.")
else:
    print("모든 지역 간 매출 차이가 유의미하지 않습니다.")
```

사후 검정(Post-hoc Test)

ANOVA 결과에서 유의미한 차이가 있다면, Tukey's HSD를 통해 어떤 그룹 간에 차이가 있는지 추가로 확인한다.

```
import statsmodels.api as sm
from statsmodels.stats.multicomp import pairwise_tukeyhsd

# 전체 매출 데이터와 그룹 정보
sales = df['Sales']
groups = df['Region']

# Tukey's HSD 사후검정 수행
tukey = pairwise_tukeyhsd(endog=sales, groups=groups, alpha=0.05)
print(tukey)
```

카이제곱 검정(Chi-square Test)

카이제곱 검정은 범주형 변수 간의 독립성을 검정하는 방법이다. 예를 들어, 성별과 제품 선호도 간의 관계를 검정한다.

```
import pandas as pd
from scipy.stats import chi2_contingency

# 교차표 생성
contingency_table = pd.crosstab(df['Gender'], df['Product_
Preference'])
print(contingency_table)

# 카이제곱 검정 수행
chi2, p, dof, expected = chi2_contingency(contingency_table)
print(f"Chi2 statistic: {chi2}")
print(f"p-value: {p}")
if p < 0.05:
print("성별과 제품 선호도는 독립적이지 않습니다.")
else:
print("성별과 제품 선호도는 독립적입니다.")
```

가설 검정은 데이터를 기반으로 객관적인 결론을 도출하는 중요한 도구이다.

3. 회귀 분석(단순/다중) 실습

회귀 분석은 종속 변수와 독립 변수 간의 관계를 모델링하는 통계 기법이다. 단순 회귀 분석은 하나의 독립 변수와 하나의 종속 변수 간의 관계를, 다중 회귀 분석은 두 개 이상의 독립 변수를 사용하여 관계를 모델링한다.

● 단순 회귀 분석(Simple Linear Regression)

예를 들어, 공부 시간이 시험 성적에 미치는 영향을 분석한다.

모델 구축 및 학습

```python
import pandas as pd
import matplotlib.pyplot as plt
import seaborn as sns
from sklearn.linear_model import LinearRegression
from sklearn.metrics import mean_squared_error, r2_score

# 데이터 불러오기
df = pd.read_csv("student_scores.csv")

# 독립 변수(X)와 종속 변수(y) 설정
X = df[['Study_Hours']].values
y = df['Score'].values

# 모델 생성 및 학습
model = LinearRegression()
model.fit(X, y)

# 예측값 생성
y_pred = model.predict(X)

# 회귀선 시각화
plt.figure(figsize=(10,6))
sns.scatterplot(x='Study_Hours', y='Score', data=df, label='Actual')
```

```
plt.plot(df['Study_Hours'], y_pred, color='red', label='Regression
Line')
plt.title('Study Hours vs Score')
plt.xlabel('Study Hours')
plt.ylabel('Score')
plt.legend()
plt.show()

# 모델 평가
mse = mean_squared_error(y, y_pred)
r2 = r2_score(y, y_pred)

print(f"Mean Squared Error: {mse}")
print(f"R-squared: {r2}")
print(f"Intercept: {model.intercept_}")
print(f"Coefficient: {model.coef_[0]}")
```

모델의 인터셉트와 계수를 통해 독립 변수의 변화가 종속 변수에 미치는 영향을
확인할 수 있다.

● 다중 회귀 분석(Multiple Regression)

여러 요인이 시험 성적에 미치는 영향을 분석하기 위해, 공부 시간, 수면 시간, 사
교육 시간을 독립 변수로 사용한다.

테스트 데이터의 생성

다음은 "student_scores_multiple.csv" 파일을 생성하는 파이썬 코드이다. 이
코드는 학생들의 공부 시간, 수면 시간, 과외 시간, 그리고 그에 따른 점수를 포함하는
가상의 데이터셋을 생성한다.

```
import pandas as pd
import numpy as np
```

```
# 랜덤 시드 설정
np.random.seed(42)

# 데이터 생성
n_samples = 100
study_hours = np.random.uniform(1, 8, n_samples)
sleep_hours = np.random.uniform(4, 10, n_samples)
tutoring_hours = np.random.uniform(0, 5, n_samples)

# 점수 계산 (약간의 노이즈 추가)
scores = 50 + 5 * study_hours + 2 * sleep_hours + 3 * tutoring_hours
+ np.random.normal(0, 5, n_samples)
scores = np.clip(scores, 0, 100) # 점수를 0에서 100 사이로 제한

# DataFrame 생성
df = pd.DataFrame({
    'Study_Hours': study_hours,
    'Sleep_Hours': sleep_hours,
    'Tutoring_Hours': tutoring_hours,
    'Score': scores
})

# CSV 파일로 저장
df.to_csv('student_scores_multiple.csv', index=False)
print("'student_scores_multiple.csv' 파일이 생성되었습니다.")
```

이 코드는 다음과 같은 작업을 수행한다.

1. 필요한 라이브러리를 임포트한다.
2. 재현 가능성을 위해 랜덤 시드를 설정한다.
3. 100개의 샘플을 가진 데이터셋을 생성한다.
4. 공부 시간, 수면 시간, 과외 시간을 무작위로 생성한다.
5. 이 변수들을 바탕으로 점수를 계산하고, 약간의 노이즈를 추가한다.
6. 점수를 0에서 100 사이로 제한한다.
7. 생성된 데이터로 DataFrame을 만든다.

8. DataFrame을 CSV 파일로 저장한다.

코드를 실행하면 "student_scores_multiple.csv" 파일이 생성되며, 이 파일은 다음 코드에서 사용할 수 있다. 이 데이터셋은 공부 시간, 수면 시간, 과외 시간이 점수에 미치는 영향을 시뮬레이션하는 가상의 데이터를 포함한다.

모델 구축 및 학습

```python
import pandas as pd
import matplotlib.pyplot as plt
import seaborn as sns
from sklearn.linear_model import LinearRegression
from sklearn.metrics import mean_squared_error, r2_score

# 데이터 불러오기
df = pd.read_csv("student_scores_multiple.csv")

# 독립 변수(X)와 종속 변수(y) 설정
X = df[['Study_Hours', 'Sleep_Hours', 'Tutoring_Hours']].values
y = df['Score'].values

# 모델 생성 및 학습
model = LinearRegression()
model.fit(X, y)

# 예측값 생성
y_pred = model.predict(X)

# 실제 vs 예측 시각화
plt.figure(figsize=(10,6))
sns.scatterplot(x=y, y=y_pred)
plt.plot([y.min(), y.max()], [y.min(), y.max()], color='red',
linewidth=2)
plt.title('Actual vs Predicted Scores')
plt.xlabel('Actual Scores')
plt.ylabel('Predicted Scores')
```

```
plt.show()

# 모델 평가
mse = mean_squared_error(y, y_pred)
r2 = r2_score(y, y_pred)

print(f"Mean Squared Error: {mse}")
print(f"R-squared: {r2}")
print(f"Intercept: {model.intercept_}")
print(f"Coefficients: {model.coef_}")
```

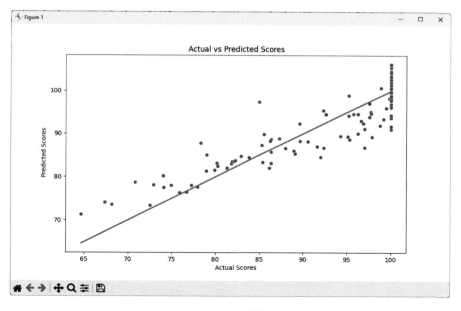

그림 12.1 실제 vs 예측값 시각화

다중 회귀 분석에서는 각 독립 변수의 계수를 통해 해당 변수의 영향력을 파악할 수 있다.

● 회귀 분석 모델 평가 및 개선

모델의 성능 평가와 개선을 위해 잔차 분석과 다중 공선성 확인을 수행한다.

▶ 잔차 분석

```python
import matplotlib.pyplot as plt
import seaborn as sns

# 잔차 계산
residuals = y_test - y_pred # y_test는 테스트 데이터의 실제 값

# 잔차 히스토그램
plt.figure(figsize=(10,6))
sns.histplot(residuals, bins=30, kde=True)
plt.title('Residuals Distribution')
plt.xlabel('Residuals')
plt.ylabel('Frequency')
plt.show()

# 잔차 산점도
plt.figure(figsize=(10,6))
sns.scatterplot(x=y_pred, y=residuals)
plt.axhline(0, color='red', linestyle='--')
plt.title('Residuals vs Predicted')
plt.xlabel('Predicted Values')
plt.ylabel('Residuals')
plt.show()
```

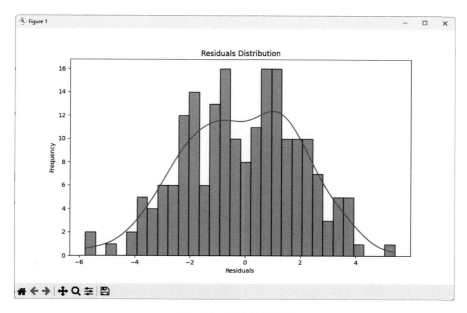

그림 12.2   잔차 히스토그램

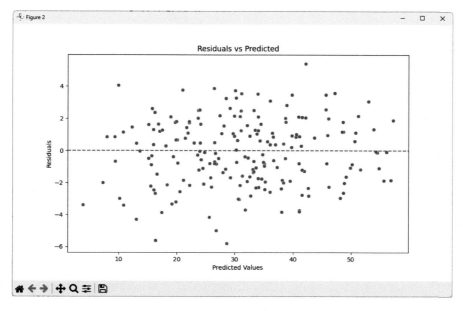

그림 12.3   잔차 산점도

▶   다중 공선성 확인(VIF 계산)

도스 프롬프트에 pip install statsmodels을 입력하여 설치한다.

```python
import pandas as pd
import statsmodels.api as sm
from statsmodels.stats.outliers_influence import variance_inflation_
factor

# X_train는 학습 데이터의 독립 변수
X_train_const = sm.add_constant(X_train)
vif = pd.DataFrame()
vif["Feature"] = X_train.columns
vif["VIF"] = [variance_inflation_factor(X_train_const.values, i+1)
for i in range(len(X_train.columns))]

print(vif)
```

결과

```
y_test shape: (200,)
y_pred shape: (200,)
    Feature      VIF
0  feature1  1.000001
1  feature2  1.000029
2  feature3  1.000028
```

y_test와 y_pred가 생성되었다.

VIF 값이 10을 초과하면 다중공선성이 심각하다고 판단할 수 있으며, 해당 변수를 제거하거나 변환해 문제를 해결할 수 있다.

4. 미니 프로젝트: 가상의 매출 데이터 분석

가상의 전자 상거래 기업에서 매출 증대를 위해 광고비와 할인율이 매출에 미치는 영향을 분석하고, 이를 바탕으로 효과적인 마케팅 전략을 수립하는 시나리오다.

● 데이터 준비 및 EDA

먼저, 매출 데이터셋을 불러와 데이터의 기본 구조와 특성을 파악한다.

```python
import pandas as pd
import matplotlib.pyplot as plt
import seaborn as sns

# 데이터 불러오기
df = pd.read_csv("ecommerce_sales.csv")

# 데이터의 첫 5행 확인
print(df.head())

# 데이터프레임 정보 확인
print(df.info())

# 결측치 확인 및 제거
print(df.isnull().sum())
df.dropna(inplace=True)

# 기술 통계 확인
print(df.describe())
```

결과

```
      Date  Product_ID  ... Customer_Age  Customer_Gender
0  2024-01-01        8270  ...           61             Male
1  2024-01-02        1860  ...           72             Male
2  2024-01-03        6390  ...           63           Female
3  2024-01-04        6191  ...           51             Male
4  2024-01-05        6734  ...           58             Male

[5 rows x 9 columns]
<class 'pandas.core.frame.DataFrame'>
RangeIndex: 1000 entries, 0 to 999
```

```
Data columns (total 9 columns):
 #   Column             Non-Null Count  Dtype
---  ------             --------------  -----
 0   Date               1000 non-null   object
 1   Product_ID         1000 non-null   int64
 2   Category           1000 non-null   object
 3   Sales              951 non-null    float64
 4   Quantity           949 non-null    float64
 5   Discount_Rate      941 non-null    float64
 6   Advertising_Spend  949 non-null    float64
 7   Customer_Age       1000 non-null   int64
 8   Customer_Gender    1000 non-null   object
dtypes: float64(4), int64(2), object(3)
memory usage: 70.4+ KB
None
Date                 0
Product_ID           0
Category             0
Sales               49
Quantity            51
Discount_Rate       59
Advertising_Spend   51
Customer_Age         0
Customer_Gender      0
dtype: int64
          Product_ID        Sales  ...  Advertising_Spend  Customer_Age
count     806.000000   806.000000  ...         806.000000    806.000000
mean     5626.988834   499.890660  ...        5008.839025     48.739454
std      2508.760525   283.537564  ...        2882.530314     18.090569
min      1004.000000    11.549454  ...         100.304117     18.000000
25%      3557.750000   254.571449  ...        2421.912266     33.000000
50%      5777.000000   511.141922  ...        4937.269075     49.000000
75%      7795.000000   737.799422  ...        7541.717047     65.000000
max      9996.000000   998.364036  ...        9977.718951     79.000000
```

매출 분포 시각화

```
plt.figure(figsize=(10,6))
sns.histplot(df['Sales'], bins=30, kde=True)
plt.title('Sales Distribution')
plt.xlabel('Sales')
plt.ylabel('Frequency')
plt.show()
```

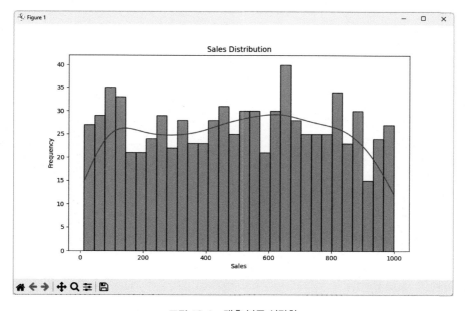

그림 12.4 매출 분포 시각화

광고비와 매출의 상관관계 확인

```
plt.figure(figsize=(10,6))
sns.scatterplot(x='Advertising_Spend', y='Sales', data=df)
plt.title('Advertising Spend vs Sales')
plt.xlabel('Advertising Spend')
plt.ylabel('Sales')
plt.show()
```

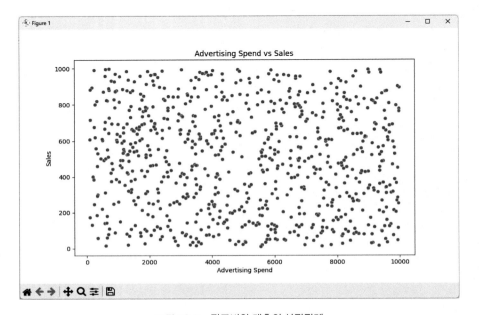

그림 12.5   광고비와 매출의 상관관계

할인율과 매출의 상관관계 확인

```
plt.figure(figsize=(10,6))
sns.scatterplot(x='Discount_Rate', y='Sales', data=df)
plt.title('Discount Rate vs Sales')
plt.xlabel('Discount Rate')
plt.ylabel('Sales')
plt.show()
```

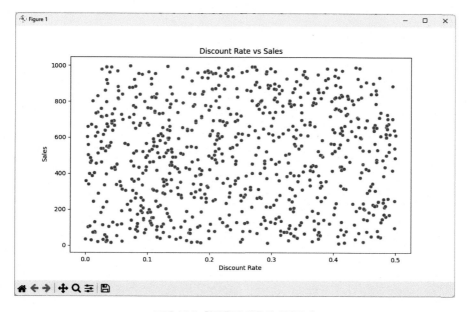

그림 12.6 할인율과 매출의 상관관계

상관관계 히트맵

```
plt.figure(figsize=(8,6))
sns.heatmap(df.corr(), annot=True, cmap='coolwarm')
plt.title('Correlation Heatmap')
plt.show()
```

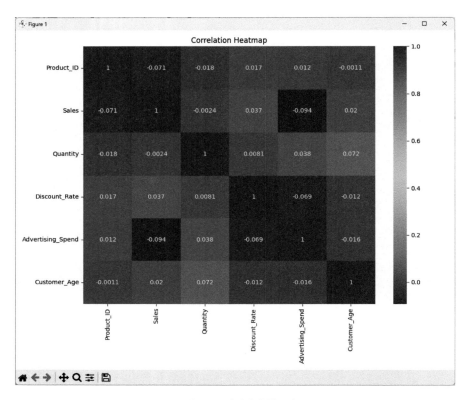

그림 12.7 상관관계 히트맵

광고비와 할인율의 매출 영향 검정

광고비와 할인율이 매출에 미치는 영향을 독립 표본 t-검정을 통해 검정한다.

```python
from scipy import stats

# 광고비가 매출에 미치는 영향 검정
high_ad = df[df['Advertising_Spend'] > df['Advertising_Spend'].
median()]['Sales']
low_ad = df[df['Advertising_Spend'] <= df['Advertising_Spend'].
median()]['Sales']

t_stat, p_value = stats.ttest_ind(high_ad, low_ad)

print(f"Advertising Spend t-statistic: {t_stat}")
print(f"Advertising Spend p-value: {p_value}")
if p_value < 0.05:
    print("광고비가 매출에 유의미한 영향을 미칩니다.")
else:
    print("광고비가 매출에 유의미한 영향을 미치지 않습니다.")

# 할인율이 매출에 미치는 영향 검정
high_discount = df[df['Discount_Rate'] > df['Discount_Rate'].
median()]['Sales']
low_discount = df[df['Discount_Rate'] <= df['Discount_Rate'].
median()]['Sales']

t_stat, p_value = stats.ttest_ind(high_discount, low_discount)

print(f"Discount Rate t-statistic: {t_stat}")
print(f"Discount Rate p-value: {p_value}")
if p_value < 0.05:
    print("할인율이 매출에 유의미한 영향을 미칩니다.")
else:
    print("할인율이 매출에 유의미한 영향을 미치지 않습니다.")
```

결과

```
[8 rows x 6 columns]
Advertising Spend t-statistic: -2.600015818144639
Advertising Spend p-value: 0.009493018602428694
광고비가 매출에 유의미한 영향을 미칩니다.
Discount Rate t-statistic: 1.0331381493521652
Discount Rate p-value: 0.3018499131752026
할인율이 매출에 유의미한 영향을 미치지 않습니다.
```

● 다중 회귀 분석 수행

광고비와 할인율이 매출에 미치는 영향을 종합적으로 분석하기 위해 다중 회귀 분석을 수행한다.

```python
from sklearn.linear_model import LinearRegression
from sklearn.model_selection import train_test_split
from sklearn.metrics import mean_squared_error, r2_score

# 독립 변수와 종속 변수 설정
X = df[['Advertising_Spend', 'Discount_Rate']]
y = df['Sales']

# 데이터 분할 (학습용 80%, 테스트용 20%)
X_train, X_test, y_train, y_test = train_test_split(X, y, test_
size=0.2, random_state=42)

# 회귀 모델 생성 및 학습
model = LinearRegression()
model.fit(X_train, y_train)

# 예측값 생성
y_pred = model.predict(X_test)

# 모델 평가
mse = mean_squared_error(y_test, y_pred)
```

```
r2 = r2_score(y_test, y_pred)

print(f"Mean Squared Error: {mse}")
print(f"R-squared: {r2}")
print(f"Intercept: {model.intercept_}")
print(f"Coefficients: {model.coef_}")
```

결과

```
Mean Squared Error: 73865.08359405144
R-squared: -0.021155882718050023
Intercept: 516.1188775481187
Coefficients: [-9.43636504e-03  9.37742697e+01]
```

● 모델 해석 및 개선

모델의 성능을 평가하고 개선하기 위해 잔차 분석과 다중공선성 확인을 수행한다.

```
import matplotlib.pyplot as plt
import seaborn as sns
from statsmodels.stats.outliers_influence import variance_inflation_
factor
import statsmodels.api as sm
import pandas as pd # Pandas가 이미 임포트되어 있지 않으면 추가

# 잔차 계산
residuals = y_test - y_pred

# 잔차 히스토그램
plt.figure(figsize=(10,6))
sns.histplot(residuals, bins=30, kde=True)
plt.title('Residuals Distribution')
plt.xlabel('Residuals')
plt.ylabel('Frequency')
plt.show()
```

```python
# 잔차 산점도
plt.figure(figsize=(10,6))
sns.scatterplot(x=y_pred, y=residuals)
plt.axhline(0, color='red', linestyle='--')
plt.title('Residuals vs Predicted')
plt.xlabel('Predicted Values')
plt.ylabel('Residuals')
plt.show()

# 다중공선성 확인 (VIF 계산)
X_train_const = sm.add_constant(X_train)
vif = pd.DataFrame()
vif["Feature"] = X_train.columns
vif["VIF"] = [variance_inflation_factor(X_train_const.values, i+1)
for i in range(len(X_train.columns))]
print(vif)
```

결과

```
           Feature      VIF
0  Advertising_Spend  1.005725
1      Discount_Rate  1.005725
```

VIF 값이 10을 초과하면 다중공선성이 심각하다고 판단하여 해당 변수를 제거하거나 변환하는 방법을 고려할 수 있다.

● 마케팅 전략 제안

분석 결과를 바탕으로 광고비와 할인율이 매출에 유의미한 영향을 미친다는 결론을 도출하면, 다음과 같은 전략을 제안할 수 있다.

광고비 증대

광고비가 매출에 긍정적 영향을 미친다면, 효과적인 광고 캠페인을 확대하여 더 많은 고객에게 도달한다.

할인율 최적화

할인율이 매출에 미치는 영향을 고려해, 적절한 할인율을 설정하여 고객의 구매를 유도한다.

광고와 할인율의 균형

두 요인의 상호작용을 고려해 효율적인 예산 배분을 통해 매출 증대를 극대화 한다.

● 결론

시나리오 기반의 미니 프로젝트를 통해, 데이터 분석이 단순한 통계적 기법의 적 용을 넘어 실제 문제 해결과 의사 결정 지원에 어떻게 활용되는지를 체험할 수 있다. EDA, 가설 검정, 회귀 분석을 종합적으로 적용하여 비즈니스 문제에 대한 과학적 근거 를 마련하고, 효과적인 전략을 수립하는 과정을 경험함으로써 데이터 분석의 실무 적 용 능력을 배양할 수 있다.

📑 요약

12장에서는 Pandas를 기반으로 데이터를 간단히 요약·시각화(EDA)하고, t-검 정, ANOVA, 카이제곱 검정, 회귀 분석 등 대표적인 통계 분석 기법을 파이썬으로 구 현했다. 마지막의 시나리오 프로젝트를 통해 '데이터에서 인사이트를 도출하고, 이를 검증하는' 전 과정을 경험함으로써 통계 이론과 실제 업무 간의 연결고리를 확실히 확인하였다.

(참/거짓)아래 문제에 대해 참(T)/거짓(F)으로 답하라.

1. Pandas DataFrame에서 `describe()` 함수를 사용하면 기본 통계량(평균, 표준편차 등)을 확인할 수 있다. (T/F)

2. 카이제곱 검정은 연속형 변수의 평균 차이를 확인하는 대표적 방법이다. (T/F)
   (단답형)아래 문제에 단답형으로 답하고 빈칸을 채우라.

3. 두 집단 평균 차이를 파이썬에서 간단히 검정하려면 `scipy.stats`의 _____ 함수를 사용할 수 있다. (t검정 예, 'ttest_in'` 등)

4. 단순 회귀 분석에서 독립 변수가 1개일 때 사용하는 대표 함수나 메서드는 '_____ Regression'이다. (statsmodels 혹은 sklearn 기준)
   (서술형)아래 문제에 대한 답을 서술하라.

5. 실제 분석 프로젝트에서 t-검정과 회귀 분석 중 어떤 경우에 각각 사용하는지 간단히 예를 들어 서술하라.

_____

_____

_____

_____

## 제13장

빅데이터 처리 실습: 방대한 데이터를 다루기

Spark 환경을 구축해 방대한 데이터를 불러 오고 전처리, 집계, 조인, EDA 등을 수행한다. 단일 머신으로 처리하기 벅찬 대규모 데이터도 분산·병렬 처리를 통해 효율적으로 다루는 방법을 배운다.

⊛ 학습 목표
- Spark 로컬/Colab/클러스터 환경을 설정해 보고 RDD·DataFrame 기초를 익힌다.
- 대규모 파일을 로딩, 전처리, 집계, 조인하는 방법으로 분산 처리의 이점을 체감한다.
- 샘플링, 요약 통계를 통해 대용량 데이터에서도 EDA를 시도해 볼 수 있다.

⊛ 학습 내용
- Spark 환경(Local, Colab, 클러스터) 설정과 RDD, DataFrame 기초 학습
- 대규모 파일 로딩, 전처리, 집계, 조인 등 분산 데이터 처리 실습
- 샘플링, 요약 통계 등을 통해 대용량 데이터에서도 EDA 수행 가능성 확인

1. Spark 환경 설정

다음은 Spark 환경 설정 및 사용법에 대한 강의 내용을 서술식으로 작성한 예시이다. 코드 부분은 독자들이 쉽게 따라할 수 있도록 간결하고 명확하게 작성하였다. Spark는 로컬 모드, 구글 Colab 환경, 클러스터 환경 등 다양한 방식으로 실행할 수 있다. 각각의 환경은 사용 목적과 데이터 규모에 따라 선택할 수 있으며, 아래에서 각 환경의 특징과 설정 방법을 살펴본다.

● 로컬(Local) 모드

로컬 모드는 개인의 개발 PC나 노트북에서 Spark를 실행하는 환경이다. 단일 머신에서 여러 코어를 활용해 병렬 처리를 수행할 수 있어 Spark의 기본 기능을 학습하고 실습하기에 적합하다.

● 설치 방법

1. Apache Spark 공식 웹사이트에서 최신 버전의 Spark를 다운로드한다.
2. 다운로드한 파일을 적절한 디렉토리에 압축 해제한다.
3. 환경 변수를 설정한다.
4. SPARK_HOME을 Spark 설치 디렉토리로 설정한다.
5. PATH에 $SPARK_HOME/bin을 추가하여 어디서나 Spark 명령어를 실행할 수 있도록 한다.

Java가 사전에 설치되어 있어야 하며, Java 8 이상이 필요하다.

● 설치 확인

터미널에서 다음 명령어를 입력하여 Spark Shell을 실행해 본다.

```
spark-shell
```

Spark Shell이 정상적으로 실행되면 로컬 모드 설정이 완료된 것이다.

장단점

로컬 모드는 간편하게 설정할 수 있어 학습용으로 적합하나, 단일 머신 자원에 제한이 있어 대규모 데이터 처리에는 부적합하다.

● 구글 Colab 환경

구글 Colab은 웹 기반의 무료 파이썬 노트북 환경으로 별도의 설치 없이 Spark를 사용할 수 있다. 특히, GPU 및 TPU 자원을 무료로 제공하여 머신러닝 모델 학습에도 유리하다.

설정 방법

1. Google Colab에 접속하여 새 노트북을 생성한다.
2. PySpark와 관련 도구를 설치하고 환경 변수를 설정한다.
3. 다음 코드를 Colab 셀에 입력하여 설정을 진행한다.

```
# Java 설치
!apt-get install openjdk-8-jdk-headless -qq > /dev/null

# Spark 다운로드 및 압축 해제 (버전 3.3.2 예시)
!wget -q http://apache.mirror.digitalpacific.com.au/spark/
spark-3.3.2/spark-3.3.2-bin-hadoop3.tgz
!tar xf spark-3.3.2-bin-hadoop3.tgz
# PySpark 설치
!pip install -q findspark

# 환경 변수 설정 및 Spark 초기화
import os
os.environ["JAVA_HOME"] = "/usr/lib/jvm/java-8-openjdk-amd64"
os.environ["SPARK_HOME"] = "/content/spark-3.3.2-bin-hadoop3"

import findspark
findspark.init()

from pyspark.sql import SparkSession
```

```
spark = SparkSession.builder.master("local[*]").getOrCreate()

# Spark 세션 정보 출력 (설정 확인)
spark
```

위 코드가 실행되어 Spark 세션 정보가 출력되면 Colab 환경 설정이 완료된 것이다.

장단점

Colab은 웹 브라우저만 있으면 어디서나 접근 가능하고, 설치 과정이 필요 없으며, 무료 GPU/TPU를 제공해 고성능 연산에 유리하다. 다만, 무료 계정의 경우 자원 사용에 제한이 있을 수 있고, 초기 설정이 다소 번거로울 수 있다.

클러스터 환경

클러스터 환경은 여러 대의 노드가 연결된 분산 시스템에서 Spark를 실행하는 방식이다. 이는 대규모 데이터를 처리하거나 높은 성능을 요구하는 실무 환경에 적합하다.

설치 및 설정 방법

1. 클러스터를 구성할 모든 노드에 Spark와 Java를 설치한다.
2. 마스터 노드와 워커 노드를 설정한다.
3. 마스터 노드에서 Spark 마스터를 실행한다.

```
$SPARK_HOME/sbin/start-master.sh
```

워커 노드에서 Spark 워커를 마스터 노드에 연결하여 실행한다.

```
$SPARK_HOME/sbin/start-worker.sh spark://<master-ip>:7077
```

마스터 노드의 웹 UI(http://:8080)를 통해 클러스터 상태를 모니터링할 수 있다.

클러스터 환경은 Standalone, YARN, Kubernetes 등 다양한 매니저를 통해 관리할 수 있다. Standalone은 Spark 자체의 매니저로 간단하게 설정 가능하며, YARN은 Hadoop 클러스터와 통합해 사용되고, Kubernetes는 컨테이너 환경에서 Spark를 운영할 때 사용된다.

장단점

클러스터 환경은 여러 노드의 자원을 활용하여 대규모 데이터를 빠르게 처리하고 확장성이 뛰어나며, 장애 발생 시 자동 복구 기능을 제공한다. 그러나 설정과 운영이 복잡하고 여러 대의 서버를 유지해야 하므로 비용이 발생할 수 있다.

실습 흐름은 로컬이나 Colab에서 Spark의 기본 기능을 학습한 후, 클러스터 환경으로 확장하여 대규모 데이터 처리를 경험하는 것이다.

2. Spark DataFrame과 RDD 기본 사용법

Spark에서는 데이터를 다루는 주요 방식으로 RDD와 DataFrame 두 가지를 사용한다. 이들 자료 구조는 각기 다른 특성과 사용 용도를 가지며, 실제 실무에서는 주로 DataFrame의 고수준 API를 활용한다.

RDD(Resilient Distributed Dataset)

RDD는 Spark의 가장 기본적인 자료 구조로 불변(immutable) 속성을 가지며 분산 환경에서 데이터를 안전하게 처리할 수 있도록 설계되었다. 데이터는 여러 노드에 분산 저장되어 장애 발생 시 자동 복구가 가능하다.

주요 연산

RDD는 Transformation 연산(예, map, filter, reduceByKey 등)과 Action 연산(예, collect, count, saveAsTextFile 등)을 제공하며, Transformation은 게으른(lazy) 평가

방식을 사용한다.

RDD 생성 및 활용 예제

```python
from pyspark import SparkContext

# 로컬 모드에서 SparkContext 생성
sc = SparkContext("local", "RDD Example")

# 리스트로부터 RDD 생성
data = [1, 2, 3, 4, 5]
rdd = sc.parallelize(data)

# 파일로부터 RDD 생성
rdd_file = sc.textFile("data.txt")

# RDD 변환 연산: 각 값의 제곱 계산
squared_rdd = rdd.map(lambda x: x * x)

# RDD 액션 연산: 결과를 리스트로 수집하여 출력
squared_list = squared_rdd.collect()
print(squared_list) # 출력: [1, 4, 9, 16, 25]
```

● DataFrame

DataFrame은 RDD 위에 정형화된 스키마를 부여하여 행과 열 형태로 데이터를 다룰 수 있게 만든 고수준 데이터 구조이다. SQL과 유사한 API를 제공하여 select, filter, groupBy, agg, join 등 다양한 연산을 직관적으로 수행할 수 있으며, Catalyst Optimizer를 통해 쿼리 실행이 최적화된다.

DataFrame 생성 및 활용 예제

```
from pyspark.sql import SparkSession

# Spark 세션 생성
spark = SparkSession.builder.appName("DataFrame Example").
getOrCreate()

# 리스트로부터 DataFrame 생성
data = [("Alice", 25), ("Bob", 30), ("Charlie", 35)]
columns = ["Name", "Age"]
df = spark.createDataFrame(data, schema=columns)
df.show()

# 파일로부터 DataFrame 생성 (CSV 파일, 헤더 포함, 스키마 자동 추론)
df_file = spark.read.csv("data.csv", header=True, inferSchema=True)
df_file.show(5)
```

DataFrame은 RDD에 비해 사용이 간편하고, 다양한 데이터 소스(Parquet, ORC, JSON, CSV 등)를 지원한다.

3. 데이터 로딩, 전처리, 간단 분석

Spark의 고수준 API를 사용하면 다양한 데이터 소스에서 데이터를 불러오고, 전처리 및 간단 분석을 수행할 수 있다.

데이터 로딩

CSV, Parquet, JSON 등 다양한 포맷의 데이터를 불러올 수 있다.

```
df_csv = spark.read.csv("data/sales.csv", header=True,
inferSchema=True)
df_csv.show(5)
```

Parquet 파일 로딩

```
df_parquet = spark.read.parquet("data/sales.parquet")
df_parquet.show(5)
```

JSON 파일 로딩

```
df_json = spark.read.json("data/sales.json")
df_json.show(5)
```

스키마를 명시적으로 지정할 수도 있다.

```
from pyspark.sql.types import StructType, StructField, StringType,
IntegerType

schema = StructType([
    StructField("Name", StringType(), True),
    StructField("Age", IntegerType(), True),
    StructField("City", StringType(), True)
])

df_with_schema = spark.read.csv("data/sales.csv", header=True,
schema=schema)
df_with_schema.show(5)
```

● 데이터 전처리

Spark DataFrame의 함수를 활용하여 데이터를 정제하고 변환한다.

필터링

```
# 매출이 100 이상인 데이터만 추출
df_filtered = df_csv.filter(df_csv.Sales >= 100)
df_filtered.show(5)
```

컬럼 생성 및 수정

```
# 'Discounted_Sales' 컬럼 생성 (매출의 90% 계산)
df_transformed = df_csv.withColumn("Discounted_Sales", df_csv.Sales
* 0.9)
df_transformed.show(5)
```

결측치 처리

```
# 결측치 제거
df_no_na = df_csv.na.drop()

# 결측치 대체: 'Sales' 컬럼의 결측치를 평균값으로 대체
mean_sales = df_csv.agg({"Sales": "mean"}).collect()[0][0]
df_filled = df_csv.na.fill({"Sales": mean_sales})
```

데이터 타입 변환

```
from pyspark.sql.functions import col

# 'Age' 컬럼을 Integer 타입으로 변환
df_casted = df_csv.withColumn("Age", col("Age").cast("integer"))
```

● 간단 분석

Spark의 집계, 필터링, 조인 기능을 사용해 데이터를 분석한다.

집계

```
# 카테고리별 평균 매출 계산
df_grouped = df_csv.groupBy("Category").agg({"Sales": "mean"})
df_grouped.show()

# 여러 집계 함수 사용
from pyspark.sql.functions import avg, sum, max, min
df_agg = df_csv.groupBy("Category").agg(
    avg("Sales").alias("Average_Sales"),
    sum("Sales").alias("Total_Sales"),
    max("Sales").alias("Max_Sales"),
    min("Sales").alias("Min_Sales")
)
df_agg.show()
```

필터링

```
# 매출이 100 초과이며 'Electronics' 카테고리인 데이터 추출
df_filtered = df_csv.where((df_csv.Sales > 100) & (df_csv.Category ==
"Electronics"))
df_filtered.show()
```

조인

```
# 'Product_ID'를 기준으로 두 DataFrame을 inner join
df_products = spark.read.csv("data/products.csv", header=True,
inferSchema=True)
df_joined = df_csv.join(df_products, "Product_ID", "inner")
df_joined.show(5)
```

● 대용량 데이터로 EDA 및 분석 예시

대용량 데이터에서는 전체 데이터를 한 번에 분석하기 어려우므로 부분 샘플링을 통해 분석을 수행한다.

부분 샘플링

```
# 전체 데이터의 1% 샘플링
df_sample = df_csv.sample(fraction=0.01, seed=42)
df_sample.show(5)

# 처음 1000행만 추출
df_limit = df_csv.limit(1000)
df_limit.show(5)
```

기술 통계 확인

```
df_sample.describe().show()
```

Pandas로 변환 후 시각화

대용량 데이터의 일부분을 Pandas DataFrame으로 변환하여 Matplotlib과 Seaborn으로 시각화할 수 있다.

```
# 샘플 데이터를 Pandas DataFrame으로 변환
df_pandas = df_sample.toPandas()
import matplotlib.pyplot as plt
import seaborn as sns

# 히스토그램: 매출 분포
plt.figure(figsize=(10,6))
sns.histplot(df_pandas['Sales'], bins=50, kde=True)
plt.title('Sales Distribution')
plt.xlabel('Sales')
```

```
plt.ylabel('Frequency')
plt.show()

# 박스플롯: 카테고리별 매출
plt.figure(figsize=(10,6))
sns.boxplot(x='Category', y='Sales', data=df_pandas)
plt.title('Sales by Category')
plt.xlabel('Category')
plt.ylabel('Sales')
plt.show()

# 산점도: 광고비와 매출의 관계
plt.figure(figsize=(10,6))
sns.scatterplot(x='Advertising_Spend', y='Sales', data=df_pandas)
plt.title('Advertising Spend vs Sales')
plt.xlabel('Advertising Spend')
plt.ylabel('Sales')
plt.show()
```

● MLlib 활용

Spark의 MLlib는 분산 환경에서 머신러닝 모델을 학습하고 예측할 수 있는 라이브러리이다. 예제로 로지스틱 회귀 모델을 학습하고 평가하는 과정을 살펴본다.

로지스틱 회귀 예제

```
from pyspark.ml.classification import LogisticRegression
from pyspark.ml.evaluation import BinaryClassificationEvaluator
from pyspark.ml.feature import VectorAssembler

# 데이터 준비: 'Advertising_Spend'와 'Discount_Rate'를 피처로, 'Sales'를 기준으로 라벨
생성
assembler = VectorAssembler(inputCols=["Advertising_Spend",
"Discount_Rate"], outputCol="features")
df_ml = assembler.transform(df_csv).select("features", "Sales")
```

```python
# 라벨링: 매출이 100 이상이면 1, 그렇지 않으면 0
from pyspark.sql.functions import when, col
df_ml = df_ml.withColumn("label", when(col("Sales") >= 100,
1).otherwise(0))

# 데이터 분할 (훈련: 70%, 테스트: 30%)
train_data, test_data = df_ml.randomSplit([0.7, 0.3], seed=42)

# 로지스틱 회귀 모델 생성 및 학습
lr = LogisticRegression(featuresCol='features', labelCol='label')
lr_model = lr.fit(train_data)

# 예측 수행
predictions = lr_model.transform(test_data)

# 모델 평가: AUC (Area Under the ROC Curve)
evaluator = BinaryClassificationEvaluator(rawPredictionCol="rawPredic
tion", labelCol="label")
auc = evaluator.evaluate(predictions)
print(f"AUC: {auc}")
```

AUC는 ROC 곡선 아래 면적으로, 모델의 분류 성능을 평가하는 지표이다. 0.5는 무작위 추측, 1.0은 완벽한 분류를 의미한다.

4. 결론

본 장에서는 Spark의 다양한 환경 설정(로컬, Colab, 클러스터)과 Spark의 핵심 데이터 구조인 RDD와 DataFrame의 기본 사용법, 데이터 로딩 및 전처리, 집계, 필터링, 조인 등의 간단 분석 기법, 그리고 MLlib를 활용한 머신러닝 모델링을 실습해 보았다. 또한, 대용량 데이터를 샘플링하고 Pandas로 변환하여 시각화하는 방법과, 실무에 적용할 수 있는 미니 프로젝트를 통해 데이터 분석 결과를 기반으로 마케팅 전략을 제안하는 과정을 다루었다. Spark는 빅데이터 처리의 핵심 도구로서, 데이터 분석가와 엔지니어들이 대규모 데이터를 효과적으로 처리하고 분석하여 가치 있는 인사이트를 도출하는 능력을 지속적으로 개발해야 하는 중요한 기술이다. 다음 장에서는 Spark의 고급 데이터 처리 기법과 실시간 스트리밍 데이터 분석에 대해 심화적으로 다루어, 데이터 분석의 전문성을 더욱 강화할 예정이다.

> 📄 **요약**
>
> 13장에서는 Spark를 활용해 방대한 데이터를 효율적으로 처리하고 간단한 분석을 수행하는 방법을 실습했다.
>
> 1. 환경 설정(로컬, Colab, 클러스터)을 통해 다양한 규모의 시스템에 Spark를 적용해 볼 수 있고,
> 2. RDD와 DataFrame이라는 스파크의 핵심 자료 구조를 이해하고,
> 3. 데이터 로딩, 전처리, 집계, 조인같은 기초적인 연산을 빠르게 익힘으로써 정형, 반정형 데이터를 대량으로 처리할 수 있다.
>
> 마지막으로 대용량 데이터 EDA 예시를 통해 파이썬 단일 머신 방식으로는 벅찬 데이터를 Spark 분산 환경에서 어떻게 탐색하고 활용할 수 있는지 경험했다.

✎ 연습 문제

(참/거짓)아래 문제에 대해 참(T)/거짓(F)으로 답하라.

1. Spark RDD는 한 번 생성하면 변경(수정)할 수 없는 '불변(immutable)' 속성을 가진다. (T/F)

2. park DataFrame을 SQL처럼 다룰 수 있는 기능이 Spark Streaming이다. (T/F)

(단답형)아래 문제에 단답형으로 답하고 빈칸을 채우라.

3. Spark에서 테이블 구조로 데이터를 다루려면 SparkSession._____(경로) 메서드를 사용한다. (예, read.csv)

4. 분산 환경에서 데이터를 작업 노드 여러 곳에 나누어 저장하고, 맵-리듀스 방식으로 처리하는 Spark의 핵심 개념은 _____ 처리다.

(서술형)아래 문제에 대한 답을 서술하라.

5. 대규모 데이터에서 EDA를 할 때, 샘플링하는 이유와 주의할 점을 간단히 서술하라.

_____

_____

_____

_____

제14장

데이터 시각화 실습: 시각적으로 설득하기

matplotlib, seaborn, plotly 등 라이브러리를 사용해 다양한 형태의 그래프를 그려 본다. 색상, 레이아웃, 대화형 기능 등을 적절히 활용해 데이터 속 메시지를 효과적으로 전달하는 노하우를 익힌다.

❀ 학습 목표

- matplotlib, seaborn, plotly 등을 활용해 다양한 차트를 직접 만들어 본다.
- 색상, 레이아웃, 인터랙티브 기능 등을 고려해 가독성 높은 그래프를 구현한다.
- Spark와 연계하여 대규모 데이터 시각화하는 방안을 알아보고 실무 팁을 습득한다.

❀ 학습 내용

- matplotlib, seaborn, plotly 등 라이브러리 활용해 다양한 차트 작성
- 색상, 레이아웃, 인터랙티브 기능 등 시각적 요소 최적화 기법 습득
- Spark 등과 연계한 대규모 데이터 시각화 방법 및 실무 팁 파악

1. matplotlib, seaborn, plotly 등 라이브러리 활용

다음은 matplotlib, seaborn, plotly 등 다양한 시각화 라이브러리를 활용하는 방법에 대해, 코드 예제는 독자들이 쉽게 따라 할 수 있도록 간결하게 작성한 내용을 서술식으로 정리한 것이다.

파이썬에서 데이터 시각화를 진행할 때 주로 사용하는 라이브러리에는 matplotlib, seaborn, plotly 등이 있다. 각각 고유한 특징과 장점이 있어, 데이터와 목적에 맞게 선택해 활용할 수 있다.

● matplotlib

matplotlib은 파이썬 시각화의 기초 라이브러리로 저수준 API를 통해 그래프의 각 요소(축, 레이블, 제목, 색상 등)를 세밀하게 조정할 수 있다. 막대 그래프, 선 그래프, 산점도, 히스토그램 등 기본적인 그래프를 생성하는 데 적합하며, 다른 라이브러리와의 통합도 용이하다.

막대 그래프 생성

```python
import matplotlib.pyplot as plt

# 데이터 준비
categories = ['A', 'B', 'C']
values = [10, 20, 15]

# 막대그래프 생성
plt.bar(categories, values, color='skyblue')
plt.title('Category-wise Values')
plt.xlabel('Category')
plt.ylabel('Value')
plt.show()
```

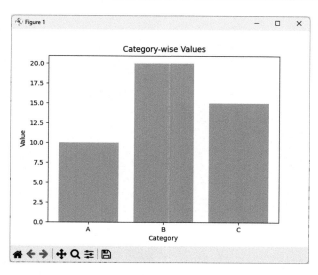

그림 14.1   막대그래프

● seaborn

seaborn은 matplotlib을 기반으로 한 고수준 인터페이스를 제공한다. 미리 정의된 스타일과 색상 팔레트를 통해 예쁜 그래프를 간단한 코드로 그릴 수 있으며, 통계적데이터 시각화에 특화되어 있다. distplot, pairplot, heatmap 등 다양한 함수를 제공해 데이터의 분포와 관계를 손쉽게 확인할 수 있다.

산점도 행렬 생성

```python
import seaborn as sns
import matplotlib.pyplot as plt

# 내장 데이터셋 'tips' 사용
tips = sns.load_dataset('tips')

# 산점도 행렬 생성 (성별에 따라 색상 구분)
sns.pairplot(tips, hue='sex')
plt.show()
```

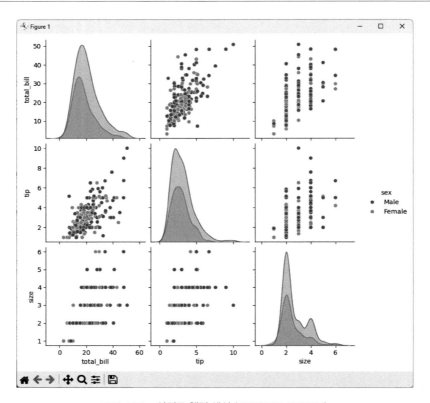

그림 14.2　산점도 행렬 생성 (성별에 따라 색상 구분)

● plotly

plotly는 대화형 차트 작성에 특화된 라이브러리이다. 웹 브라우저에서 그래프를 확대·축소하거나 툴팁을 표시하는 기능을 지원하며, Dash와 연계하면 웹 대시보드 형태로 시각화 결과물을 공유할 수 있다.

대화형 산점도 생성
도스 프롬프트에 pip install plotly을 입력하여 설치한다.

```
import plotly.express as px

# 내장 데이터셋 'iris' 사용
df = px.data.iris()
```

```
# 산점도 생성 (species별 색상 구분)
fig = px.scatter(df, x='sepal_width', y='sepal_length',
color='species',
title='Sepal Width vs Sepal Length')
fig.show()
```

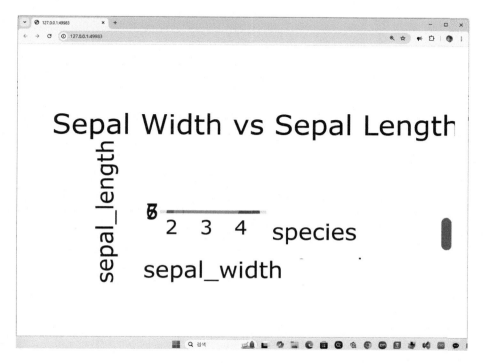

그림 14.3 대화형 산점도 생성

2. 파이차트, 바차트, 히스토그램, 히트맵, 시계열 그래프 등 만들어 보기

데이터 시각화에서 그래프 종류마다 전달하는 정보가 다르므로 상황에 맞는 그래프를 선택하는 것이 중요하다.

● 파이 차트(Pie Chart)

파이 차트는 범주형 데이터의 비율을 한눈에 보여 준다. 범주가 5~6개 정도로 제한되어 있을 때 효과적이다.

파이 차트 생성

```python
import matplotlib.pyplot as plt

# 데이터 준비
labels = ['Category A', 'Category B', 'Category C']
sizes = [40, 35, 25]
colors = ['#ff9999','#66b3ff','#99ff99']
explode = (0.05, 0.05, 0) # 첫 두 조각 약간 분리

plt.pie(sizes, explode=explode, labels=labels, colors=colors,
autopct='%1.1f%%', shadow=True, startangle=140)
plt.axis('equal') # 원형 유지
plt.title('Sales Distribution by Category')
plt.show()
```

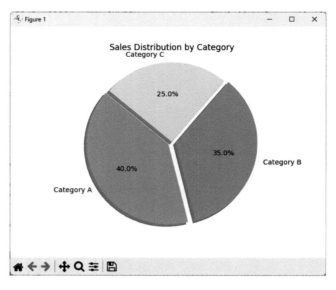

그림 14.4   파이차트 (Pie Chart)

● 바 차트(Bar Chart)

바 차트는 각 범주의 값을 직관적으로 비교할 때 사용된다.

바차트 생성

```python
import matplotlib.pyplot as plt

# 데이터 준비
categories = ['Category A', 'Category B', 'Category C']
values = [50, 30, 20]

plt.bar(categories, values, color=['#ff9999','#66b3ff','#99ff99'])
plt.title('Sales by Category')
plt.xlabel('Category')
plt.ylabel('Sales')
plt.show()
```

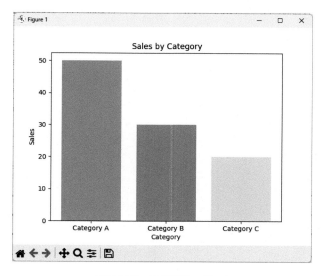

그림 14.5   바 차트(Bar Chart)

● 히스토그램(Histogram)

히스토그램은 연속형 데이터의 분포를 시각적으로 표현하며, 이상치와 분포의 모양을 파악하는 데 유용하다.

히스토그램 생성

```python
import seaborn as sns
import matplotlib.pyplot as plt

# 내장 데이터셋 'tips'의 total_bill 사용
data = sns.load_dataset('tips')['total_bill']
plt.figure(figsize=(10,6))
sns.histplot(data, bins=20, kde=True, color='skyblue')

plt.title('Distribution of Total Bill')
plt.xlabel('Total Bill')
plt.ylabel('Frequency')
plt.show()
```

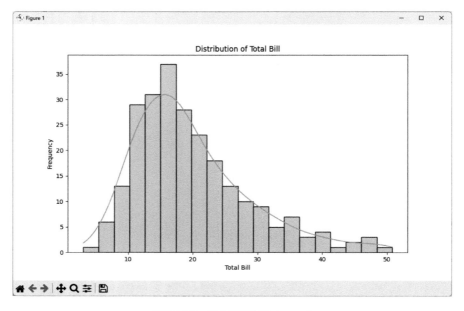

그림 14.6 히스토그램 (Histogram)

● 히트맵(Heatmap)

히트맵은 행렬 형태 데이터를 색상으로 표현해, 변수 간 상관관계나 패턴을 한눈에
확인할 수 있다.

히트맵 생성

```python
import seaborn as sns
import matplotlib.pyplot as plt
import pandas as pd

# 데이터 로드
tips = sns.load_dataset('tips')

# 숫자형 열만 선택
numeric_columns = tips.select_dtypes(include=['float64', 'int64']).
columns
tips_numeric = tips[numeric_columns]

# 상관관계 히트맵 그리기
plt.figure(figsize=(8,6))
sns.heatmap(tips_numeric.corr(), annot=True, cmap='coolwarm',
linewidths=0.5)
plt.title('Correlation Heatmap')
plt.show()
```

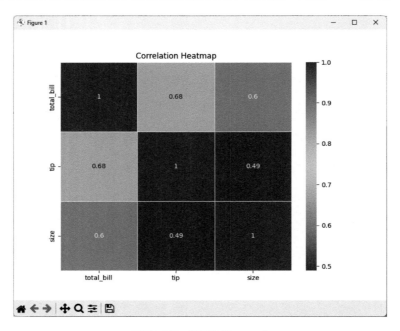

그림 14.7 히트맵 (Heatmap)

● 시계열 그래프(Time Series Plot)

시계열 그래프는 날짜별로 변화하는 추세를 보여 준다. 이동 평균을 활용하면 추세를 더 명확히 확인할 수 있다.

시계열 그래프 생성을 위한 데이터 생성

코드는 2020년 1월 1일부터 2023년 12월 31일까지의 일별 판매 데이터를 생성한다. 데이터에는 랜덤 요소, 계절성, 그리고 상승 트렌드가 포함되어 있다.

이 코드를 실행하여 sales_time_series.csv 파일을 생성한 후, 원래 제공된 코드를 실행하면 월별 판매 트렌드와 12개월 이동 평균을 시각화할 수 있다.

```
import pandas as pd
import numpy as np

# 날짜 범위 생성
date_rng = pd.date_range(start='2020-01-01', end='2023-12-31', freq='D')
```

```python
# 가상의 판매 데이터 생성
np.random.seed(42)
sales = np.random.randint(100, 1000, size=len(date_rng))

# 계절성 추가
season = np.sin(np.arange(len(date_rng))/365 * 2 * np.pi) * 200 +
200

# 트렌드 추가
trend = np.linspace(0, 300, len(date_rng))

# 최종 판매 데이터
sales = sales + season + trend

# DataFrame 생성
df = pd.DataFrame(date_rng, columns=['Date'])
df['Sales'] = sales.astype(int)

# CSV 파일로 저장
df.to_csv('sales_time_series.csv', index=False)
print("'sales_time_series.csv' 파일이 생성되었습니다.")
```

시계열 그래프 생성

```python
import pandas as pd
import seaborn as sns
import matplotlib.pyplot as plt

# 'sales_time_series.csv' 파일에서 'Date' 컬럼을 날짜로 파싱하여 불러오기
df = pd.read_csv('sales_time_series.csv', parse_dates=['Date'])
df.set_index('Date', inplace=True)

# 12개월 이동평균 계산
df['Sales_MA'] = df['Sales'].rolling(window=12).mean()
plt.figure(figsize=(14,7))
```

```
sns.lineplot(data=df, x=df.index, y='Sales', label='Monthly Sales')
sns.lineplot(data=df, x=df.index, y='Sales_MA', label='12-Month
Moving Average')
plt.title('Monthly Sales Trend')
plt.xlabel('Date')
plt.ylabel('Sales')
plt.legend()
plt.show()
```

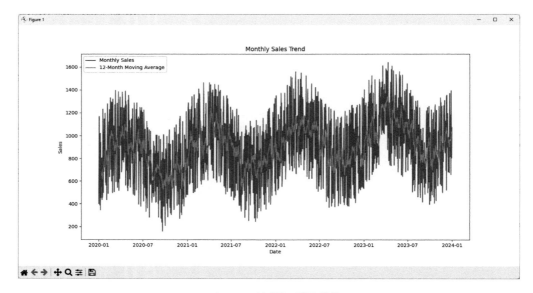

그림 14.8   시계열 그래프 생성

3. 대용량 데이터 시각화 팁

대용량 데이터 시각화 시 메모리 문제나 과부하를 피하기 위해 다음과 같은 팁을 고려할 수 있다.

부분 샘플링

전체 데이터 중 일부만 추출하여 시각화하면 속도와 메모리 사용량을 절약할 수 있다.

```
# 전체 데이터의 1% 샘플링 (Spark DataFrame에서)
df_sample = df_csv.sample(fraction=0.01, seed=42)
df_sample.show(5)

# 상위 1000행 추출
df_limit = df_csv.limit(1000)
df_limit.show(5)
```

● 집계 후 시각화

대용량 데이터를 미리 그룹화하고 집계하면 시각화할 데이터의 양이 줄어들어 그래프가 간결해진다.

집계 후 Pandas로 변환하여 바차트 생성하기

```
# 지역별 매출 합계 계산
df_grouped = df_csv.groupBy("Region").agg({"Sales": "sum"})
df_grouped.show()

# Pandas DataFrame으로 변환
df_pandas = df_grouped.toPandas()
import matplotlib.pyplot as plt
import seaborn as sns

plt.figure(figsize=(10,6))
sns.barplot(x='Region', y='sum(Sales)', data=df_pandas,
palette='viridis')
plt.title('Total Sales by Region')
plt.xlabel('Region')
plt.ylabel('Total Sales')
plt.show()
```

● 분산 환경에서의 인터랙티브 차트

대화형 그래프를 사용하면 웹 대시보드를 통해 실시간 데이터 업데이트와 사용자의 상호작용이 가능하다. Plotly와 Dash를 활용하면 웹 애플리케이션 형태로 배포할 수 있다.

Dash를 활용한 대화형 바차트

```python
import plotly.express as px
from dash import Dash, dcc, html
import pandas as pd

# 데이터 준비: 'aggregated_sales.csv' 파일 사용
df = pd.read_csv("aggregated_sales.csv")

# Dash 애플리케이션 생성
app = Dash(__name__)

# 레이아웃 설정
app.layout = html.Div([
    html.H1("Sales Dashboard"),
    dcc.Graph(
        id='sales-bar-chart',
        figure=px.bar(df, x='Region', y='Total_Sales', color='Region',
title='Total Sales by Region')
    )
])

if __name__ == '__main__':
app.run_server(debug=True)
```

4. 예쁜 그래프/차트 작성 노하우

효과적인 시각화는 단순히 데이터를 그래프로 변환하는 것 이상으로, 의도한 메시지를 명확히 전달하고 가독성을 높이는 디자인 원칙을 준수해야 한다.

● 색상(Color Palette)

구별 가능한 색상 팔레트를 사용해 데이터 범주를 명확하게 구분한다.

Seaborn 색상 팔레트 활용

```
import seaborn as sns
import matplotlib.pyplot as plt

# 예제 데이터: Pandas DataFrame(df_pandas)에서 'Category'와 'Sales' 컬럼 사용
palette = sns.color_palette("Set2", 8)
sns.barplot(x='Category', y='Sales', data=df_pandas,
palette=palette)
plt.show()
```

색각 이상자를 고려해 'tab10'과 같이 색상 구성이 잘 된 팔레트를 사용하고, 동일 범주에는 일관된 색상을 적용한다.

● 레이아웃(Layout)

여러 그래프를 한 화면에 배치할 때는 subplot이나 FacetGrid를 사용하여 일관된 제목, 축 레이블, 범례를 유지하고, 여백을 적절히 조절해 그래프가 깔끔하게 보이도록 한다.

```python
import matplotlib.pyplot as plt
import seaborn as sns
fig, axes = plt.subplots(1, 2, figsize=(14,6))

# 첫 번째 그래프: 히스토그램
sns.histplot(df_pandas['Sales'], bins=20, kde=True, ax=axes[0],
color='skyblue')
axes[0].set_title('Sales Distribution')
axes[0].set_xlabel('Sales')
axes[0].set_ylabel('Frequency')

# 두 번째 그래프: 박스플롯
sns.boxplot(x='Category', y='Sales', data=df_pandas, ax=axes[1],
palette='Set2')
axes[1].set_title('Sales by Category')
axes[1].set_xlabel('Category')
axes[1].set_ylabel('Sales')


plt.tight_layout()
plt.show()
```

● 인터랙티브 기능

대화형 그래프는 사용자가 그래프 요소를 클릭하거나 필터링하여 상세 정보를 확인할 수 있도록 해 준다. Plotly와 Dash를 활용해 인터랙티브 대시보드를 구성할 수 있으며, 슬라이더나 드롭다운 등 추가 상호작용 요소를 통해 그래프를 더욱 동적으로 만들 수 있다.

Dash를 이용해 드롭다운으로 필터링하는 대화형 산점도

```python
import plotly.express as px
from dash import Dash, dcc, html
from dash.dependencies import Input, Output
```

```python
import pandas as pd

# 데이터 준비
df = px.data.iris()

# Dash 애플리케이션 생성
app = Dash(__name__)

app.layout = html.Div([
    html.H1("Iris Dataset Interactive Dashboard"),
    dcc.Dropdown(
        id='species-dropdown',
        options=[{'label': species, 'value': species} for species in
df['species'].unique()],
        value=['setosa'], # 기본 선택값을 리스트로 지정
        multi=True
    ),
    dcc.Graph(id='scatter-plot')
])

@app.callback(
    Output('scatter-plot', 'figure'),
    [Input('species-dropdown', 'value')]
)
def update_graph(selected_species):
    filtered_df = df[df['species'].isin(selected_species)]
    fig = px.scatter(filtered_df, x='sepal_width', y='sepal_length',
color='species',
            title='Sepal Dimensions by Species')
    return fig

if __name__ == '__main__':
    app.run_server(debug=True)
```

● 명확한 레이블과 설명 추가

그래프의 축, 제목, 범례에 명확한 레이블과 주석을 추가하면, 그래프의 내용을 쉽게 이해할 수 있다. 예를 들어, "월별 매출 추이"라는 제목과 "월" 및 "매출(단위: 만원)"과 같이 축을 명확하게 표시하면 전달력이 높아진다.

5. 결론

데이터 시각화는 빅데이터 분석의 결과를 효과적으로 전달하고 의사 결정을 지원하는 핵심 요소이다. matplotlib, seaborn, plotly 등 각 시각화 라이브러리의 특징을 이해하고, 데이터의 특성에 맞는 그래프 유형을 선택하여 활용하면, 복잡한 데이터도 명확하고 직관적으로 표현할 수 있다. 또한, 색상, 레이아웃, 인터랙티브 기능 등 디자인 원칙을 준수하여 예쁜 그래프를 작성하면, 분석 결과의 가치를 극대화할 수 있다. 앞으로의 장에서는 고급 시각화 기법, 인터랙티브 대시보드 구축, 데이터 스토리텔링 등에 대해 심화적으로 다루어, 데이터를 시각적으로 전달하고 활용하는 능력을 더욱 강화할 예정이다.

📄 요약

14장에서는 파이썬의 주요 시각화 라이브러리(matplotlib, seaborn, plotly 등)를 활용해 실제로 차트를 만들고 스토리텔링하는 방법을 배웠다.

1. 그래프 종류별 활용: 파이차트, 바차트, 히스토그램, 히트맵, 시계열 그래프 등 다양한 시각화 기법을 연습
2. 대용량 데이터 시각화: Spark 같은 분산 처리 환경에서 요약·샘플링을 통해 차트를 생성하는 팁
3. 그래프 디자인 노하우: 색상 배치, 레이아웃 조정, 인터랙티브 기능 활용 등으로 '예쁘고 이해하기 쉬운' 시각화 구현

이러한 실습을 통해, 분석 결과를 누구나 한눈에 파악하고, 데이터 속 메시지를 명확히 전달하는 역량을 키울 수 있다. 이는 곧 의사 결정과 협업에서 큰 강점으로 작용할 것이다.

(참/거짓)아래 문제에 대해 참(T)/거짓(F)으로 답하라.

4. seaborn은 matplotlib을 기반으로 만들어졌으며, 통계적 시각화 기능이 강화된 라이브러리다. (T/F)

5. 대용량 데이터를 그대로 그래프로 그리는 것이 항상 최선이며, 샘플링은 결과 해석에 혼란을 준다. (T/F)

(단답형)아래 문제에 단답형으로 답하고 빈칸을 채우라.

6. 쌍플롯(여러 변수 간의 관계를 한눈에 보는 그래프)을 그리려면 seaborn의 _____plot 함수를 사용한다.

7. 막대 그래프, 파이 차트, 히스토그램 등을 모두 지원하며 웹 브라우저 상에서 대화형 그래프를 쉽게 만들 수 있는 라이브러리는 이다.

(서술형)아래 문제에 대한 답을 서술하라.

8. 데이터 시각화에서 '색상 팔레트'와 '레이아웃'은 왜 중요한지 간단히 서술하라.

_____

_____

_____

_____

## 제15장

제14장

종합 과제:
한국 공공 데이터를 활용한 분석 프로젝트

　　공공 데이터 포털에서 데이터를 직접 수집하고 전처리, 분석, 시각화, 보고서 작성까지 전 과정을 수행하는 종합 실습이다. 협업 툴(GitHub, Colab) 활용 팁과 머신러닝 모델 적용 등 실무형 프로젝트 경험을 쌓는다.

⊛ 학습 목표
- 공공데이터 포털(API)에서 실제 데이터를 수집·전처리·분석하는 전 과정을 경험한다.
- 통계 분석 또는 간단 머신러닝을 적용해 결과를 해석하고 시각화 및 보고서를 작성한다.
- 팀 프로젝트 협업 팁(GitHub, Colab)도 함께 익혀, 실무형 프로젝트 역량을 기른다.

⊛ 학습 내용
- 공공 데이터 포털/API에서 실제 데이터 수집 후 전처리, EDA 수행
- 통계 분석 또는 머신러닝 기법 적용 및 시각화, 보고서 작성까지 완성
- GitHub, Colab 등 협업 도구 활용해 팀 프로젝트 관리와 문서화 실습

1. 공공 데이터 포털/API에서 데이터 수집하기

공공 데이터 포털은 정부와 공공 기관에서 제공하는 다양한 데이터를 무료로 제공하여, 실제 데이터 분석 프로젝트에 활용하기에 이상적인 환경이다. 데이터 수집 단계는 프로젝트의 성공을 좌우할 수 있는 중요한 과정이므로 주제 선정과 데이터 다운로드 또는 API 연동을 체계적으로 수행해야 한다.

먼저, 프로젝트의 첫 단계는 분석할 주제를 선정하는 것이다. 주제는 실제 생활 문제나 개인의 흥미가 있는 분야를 선택하여 분석 과정에서 지속적인 동기 부여를 유지할 수 있다. 예를 들어, 한국 공공 데이터 포털에서는 교통 사고 현황, 지역별 인구 구조, 미세 먼지 수치, 병원 현황, 날씨 정보 등의 주제를 다룰 수 있다.

이번 프로젝트에서는 지역별 미세 먼지 수치를 분석하여 각 지역의 공기질 상태를 파악하고, 미세 먼지 저감을 위한 정책 제안을 목표로 한다. 미세 먼지 데이터는 공공 데이터 포털에서 쉽게 접근할 수 있으며, 환경 문제에 대한 사회적 관심이 높은 만큼 실질적인 인사이트를 도출할 수 있다.

다음으로 데이터 다운로드 또는 API 연동 방법을 통해 데이터를 수집한다. 공공 데이터 포털에서는 CSV, Excel, JSON 등 다양한 형식의 데이터를 다운로드할 수 있다. 데이터 다운로드 절차는 data.go.kr에 접속하여 회원 가입 후 로그인하고, "미세 먼지"와 같은 키워드로 검색하여 원하는 데이터를 선택한 후 CSV, Excel 등 원하는 형식으로 다운로드한다.

미세먼지 데이터 다운로드

```python
import pandas as pd

# CSV 파일 경로 설정
file_path = "data/air_quality_seoul.csv"

# CSV 파일 읽기
df_air = pd.read_csv(file_path, encoding='utf-8')
```

```
# 데이터 확인
print(df_air.head())
```

또한, API 연동을 통해 실시간으로 데이터를 불러올 수도 있다. API는 데이터가 자주 업데이트되거나 실시간 분석이 필요한 경우 유용하며, API 키가 필요하다. 공공 데이터 포털에서 API 키를 발급받은 후 requests 라이브러리를 사용해 API를 호출하고 데이터를 불러온다.

API 연동 예시: 미세먼지 API 사용

```
import requests
import pandas as pd

# API 키 설정
api_key = "YOUR_API_KEY"

# API 엔드포인트 설정
url = f"http://apis.data.go.kr/B552584/ArpltnInforInqireSvc/getCtprv
nRltmMesureDnsty?serviceKey={api_key}&returnType=json&numOfRows=100&
pageNo=1&sidoName=서울&ver=1.0"

# API 호출
response = requests.get(url)

# 응답 데이터 확인
if response.status_code == 200:
    data = response.json()
    df_air_api = pd.json_normalize(data['response']['body']
['items'])
    print(df_air_api.head())
else:
    print("API 요청 실패:", response.status_code)
```

2. 전처리 & EDA → 통계 분석 or 간단 머신러닝 → 시각화/결과 해석

프로젝트의 주요 단계는 데이터 탐색 및 전처리, 통계 분석 또는 머신러닝 모델링, 그리고 시각화 및 결과 해석으로 나뉜다. 각 단계별로 체계적으로 접근하여 데이터의 품질을 높이고 신뢰성 있는 분석 결과를 도출해야 한다.

먼저 데이터 탐색 및 전처리 단계에서는 Pandas 라이브러리를 활용하여 데이터의 구조와 변수의 의미, 결측치 및 이상치를 확인하고 처리한다. 이를 위해 info(), describe(), head(), value_counts() 등의 함수를 사용한다.

```python
import pandas as pd

# 데이터 읽기 (API를 통해 불러온 경우와 다운로드한 경우에 따라 다름)
df_air = pd.read_csv("data/air_quality_seoul.csv", encoding='utf-8')

# 데이터 정보 확인
print(df_air.info())

# 데이터의 첫 몇 행 확인
print(df_air.head())

# 기초 통계량 확인
print(df_air.describe())

# 특정 컬럼의 빈도수 확인
print(df_air['PM10'].value_counts())
```

데이터 분석에서 결측치는 분석의 정확성을 떨어뜨릴 수 있으므로 dropna(), fillna() 함수를 사용해 제거하거나 대체한다.

```python
# 결측치 확인
print(df_air.isnull().sum())
```

```
# 결측치가 있는 행 제거
df_air_clean = df_air.dropna()

# 결측치를 평균값으로 대체
df_air_filled = df_air.fillna(df_air.mean())
```

또한, 이상치는 데이터의 분포를 왜곡시킬 수 있으므로 박스플롯을 통해 시각적으로 확인한 후 IQR 방법 등을 사용해 제거하거나 수정한다.

```
import seaborn as sns
import matplotlib.pyplot as plt

# 박스플롯을 통한 이상치 시각화
plt.figure(figsize=(10,6))
sns.boxplot(x=df_air['PM10'])
plt.title('Boxplot of PM10')
plt.show()

# 이상치 제거 (IQR 방법)
Q1 = df_air['PM10'].quantile(0.25)
Q3 = df_air['PM10'].quantile(0.75)
IQR = Q3 - Q1
df_air_no_outliers = df_air[(df_air['PM10'] >= Q1 - 1.5*IQR) & (df_
air['PM10'] <= Q3 + 1.5*IQR)]
```

필요 없는 열을 삭제하고, 분석 목적에 맞는 파생 변수를 생성하는 것도 중요하다. 예를 들어, 'SO2'와 'NO2' 열을 삭제하고 PM10 수치를 기준으로 등급을 분류하는 파생 변수를 생성할 수 있다.

```
# 불필요한 열 삭제
df_air_reduced = df_air_clean.drop(['SO2', 'NO2'], axis=1)

# 파생 변수 생성 (예: PM10 등급)
def categorize_pm10(pm10):
```

```
    if pm10 <= 30:
        return '좋음'
    elif pm10 <= 80:
        return '보통'
    elif pm10 <= 150:
        return '나쁨'
    else:
        return '매우 나쁨'
df_air_reduced['PM10_Level'] = df_air_reduced['PM10'].
apply(categorize_pm10)
```

데이터 탐색이 끝나면, 통계 분석이나 간단한 머신러닝 모델을 통해 데이터 간 관계를 파악하고, 회귀 분석을 통해 미세 먼지 수치에 영향을 미치는 요인을 분석할 수 있다.

단순 회귀 분석 예시로 온도와 PM10의 관계를 분석하는 경우, statsmodels 라이브러리를 사용해 회귀 모델을 구축하고 회귀 결과를 요약한 후, 회귀선을 시각화하여 결과를 해석할 수 있다.

```
import statsmodels.api as sm
import matplotlib.pyplot as plt
import seaborn as sns

# 독립 변수(X)와 종속 변수(y) 설정
X = df_air_reduced[['Temperature']]
y = df_air_reduced['PM10']

# 상수항 추가
X = sm.add_constant(X)

# 회귀 모델 생성 및 학습
model = sm.OLS(y, X).fit()

# 회귀 결과 요약
print(model.summary())
```

```
# 회귀선 시각화
plt.figure(figsize=(10,6))
sns.scatterplot(x='Temperature', y='PM10', data=df_air_reduced,
label='Actual')
plt.plot(df_air_reduced['Temperature'], model.fittedvalues,
color='red', label='Regression Line')
plt.title('Temperature vs PM10')
plt.xlabel('Temperature (°C)')
plt.ylabel('PM10 (μg/m³)')
plt.legend()
plt.show()
```

다중 회귀 분석은 온도, 습도, 풍속 등의 여러 요인이 미세먼지 수치에 미치는 영향을 동시에 분석하는 기법이다.

```
# 독립 변수(X)와 종속 변수(y) 설정
X = df_air_reduced[['Temperature', 'Humidity', 'Wind_Speed']]
y = df_air_reduced['PM10']

# 상수항 추가
X = sm.add_constant(X)

# 다중 회귀 모델 생성 및 학습
model = sm.OLS(y, X).fit()

# 회귀 결과 요약
print(model.summary())
```

분석 결과는 matplotlib, seaborn, plotly 등의 도구를 활용해 시각화할 수 있다. 예를 들어, 회귀 분석 결과를 산점도와 회귀선으로 비교하거나, 상관관계 히트맵, 파이 차트, 바 차트, 시계열 그래프 등을 통해 데이터를 시각적으로 표현하여 인사이트를 도출한다.

```python
# 회귀 분석 결과 시각화
plt.figure(figsize=(10,6))
sns.scatterplot(x='Temperature', y='PM10', data=df_air_reduced,
label='Actual')
plt.plot(df_air_reduced['Temperature'], model.fittedvalues,
color='red', label='Regression Line')
plt.title('Temperature vs PM10 with Regression Line')
plt.xlabel('Temperature (°C)')
plt.ylabel('PM10 (μg/m³)')
plt.legend()
plt.show()


# 상관관계 히트맵 생성
plt.figure(figsize=(8,6))
sns.heatmap(df_air_reduced[['PM10', 'Temperature', 'Humidity',
'Wind_Speed']].corr(), annot=True, cmap='coolwarm')
plt.title('Correlation Heatmap')
plt.show()


# 파이차트: PM10 등급별 분포
pm10_counts = df_air_reduced['PM10_Level'].value_counts()
plt.figure(figsize=(8,8))
plt.pie(pm10_counts, labels=pm10_counts.index, autopct='%1.1f%%',
startangle=140, colors=sns.color_palette('pastel'))
plt.title('PM10 Level Distribution')
plt.axis('equal')
plt.show()


# 바차트: 지역별 평균 PM10
df_region_pm10 = df_air_reduced.groupBy('Region').agg({'PM10':
'mean'}).withColumnRenamed('avg(PM10)', 'Average_PM10')
df_region_pm10_pd = df_region_pm10.toPandas()
plt.figure(figsize=(10,6))
sns.barplot(x='Region', y='Average_PM10', data=df_region_pm10_pd,
palette='viridis')
plt.title('Average PM10 by Region')
plt.xlabel('Region')
```

```
plt.ylabel('Average PM10 (μg/m³)')
plt.show()
```

```
# 시계열 그래프: 월별 PM10 추이
df_air_reduced['Date'] = pd.to_datetime(df_air_reduced['Date'])
df_air_reduced.set_index('Date', inplace=True)
df_monthly_pm10 = df_air_reduced['PM10'].resample('M').mean().reset_index()
plt.figure(figsize=(14,7))
sns.lineplot(x='Date', y='PM10', data=df_monthly_pm10, marker='o')
plt.title('Monthly Average PM10 Trend')
plt.xlabel('Month')
plt.ylabel('Average PM10 (μg/m³)')
plt.show()
```

프로젝트는 데이터 탐색, 모델링, 시각화, 보고서 작성의 단계로 나누어 진행된다. 데이터 탐색 단계에서는 데이터의 구조, 결측치, 이상치, 변수 간의 관계 등을 파악하고, 모델링 단계에서는 회귀 분석이나 머신러닝 기법을 활용해 분석 목표에 맞는 모델을 구축한다. 이후 시각화 단계에서 분석 결과를 그래프나 표로 효과적으로 전달하고, 최종 보고서를 작성하여 프로젝트의 전체 과정을 체계적으로 정리한다.

팀 프로젝트나 개인 과제 시에는 GitHub, Colab, 문서화 도구 등을 활용해 버전 관리와 협업, 원활한 소통을 유지하는 것이 중요하다. 예를 들어, GitHub를 통해 코드를 관리하고 Pull Request와 코드 리뷰를 진행하며, Colab을 통해 실시간 협업을 하고, Markdown이나 Google Docs로 프로젝트 문서를 체계적으로 작성한다.

● **문서화 예시: 미세먼지 수치 분석 프로젝트**

1. 서론
- 프로젝트 배경: 미세 먼지는 국민 건강에 직접적인 영향을 미치는 중요한 환경 요소이다.
- 프로젝트 목적: 지역별 미세 먼지 수치를 분석하여, 미세먼지 저감을 위한 정책 제안을 도출한다.
2. 데이터 소개
- 데이터 출처: 공공 데이터 포털(data.go.kr)
- 데이터 내용: 지역별 미세 먼지(PM10) 수치, 온도, 습도, 풍속 등
3. 데이터 전처리
- 결측치 처리: 결측치 제거 및 평균값 대체
- 이상치 제거: IQR 방법을 통한 이상치 제거
- 파생 변수 생성: PM10 등급 분류
4. 분석 기법
- 회귀 분석: 온도, 습도, 풍속이 PM10 수치에 미치는 영향 분석
5. 결과
- 회귀 분석 결과 요약
- 상관관계 히트맵 시각화
6. 결론
- 주요 인사이트: 온도와 풍속이 PM10 수치에 유의미한 영향을 미침
- 한계점: 데이터의 시간적 범위 제한
- 향후 과제: 추가 변수 포함 및 시간적 분석 심화

3. 결론

본 장에서는 공공 데이터 포털에서 데이터를 수집하는 방법과 데이터 다운로드 및 API 연동 절차, 그리고 전처리와 탐색적 데이터 분석(EDA) 후 통계 분석 또는 간단한 머신러닝 모델링을 수행하고 결과를 시각화하는 전체 과정을 다루었다.

데이터 수집부터 전처리, 모델링, 시각화, 보고서 작성까지의 모든 단계가 체계적으로 연결되어야 프로젝트의 성공적인 결과를 도출할 수 있다. 이러한 과정을 통해 실제 데이터 분석 프로젝트에서 필요한 기초부터 심화 분석까지의 능력을 배양할 수 있다.

📋 요약

15장에서는 한국 공공 데이터를 직접 수집해 전처리 → 분석 → 시각화 → 보고서 작성에 이르는 프로젝트 전 과정을 실습했다.

1. 공공데이터 포털/API에서 적절한 데이터를 찾아 내려받거나 호출하고, 2. EDA와 통계 분석/머신러닝기법을 적용해 의미 있는 결론을 도출하며, 3. 결과를 보기 좋은 그래프나 지도 형태로 표현하고, 4. 최종 보고서를 작성해 실무 형태로 마무리한다.

이 과정에서 팀 프로젝트나 개인 과제 시 협업 팁(GitHub, Colab 등)을 함께 활용한다면, 프로젝트 관리와 결과물 완성도를 한층 끌어올릴 수 있다. 이는 곧 실무 역량을 제대로 체화하는 기회가 될 것이며, 데이터 분석에 대한 자신감도 확실히 얻게 될 것입니다.

✍ 연습 문제

(참/거짓)아래 문제에 대해 참(T)/거짓(F)으로 답하라.

1. 공공 데이터는 대부분 개인 정보가 그대로 포함되어 있으므로, 아무 제약 없이 사용해도 된다. (T/F)

2. 전처리를 소홀히 해도 최종 모델이나 분석 결론에 큰 영향이 없다. (T/F)

(단답형)아래 문제에 단답형으로 답하고 빈칸을 채우라.

3. '팀 프로젝트'에서 코드 버전관리를 위해 가장 많이 쓰는 협업 플랫폼은 _____ 이다.

4. 공공 데이터 포털에서 제공하는 API를 이용할 때 필요한 _____ 키를 발급받아야 한다.

(서술형)아래 문제에 대한 답을 서술하라.

5. 공공 데이터를 활용해 분석 프로젝트를 할 때, 보고서 작성 시 포함해야 할 주요 항목을 간단히 서술하라.

_____

_____

_____

_____

_____

부록 A

머신러닝 모델 맛보기: 회귀와 분류 실습

빅데이터와 통계 분석에 대한 이해를 쌓은 후, 많은 학습자들은 자연스럽게 더 자동화된 예측과 분류 방법인 머신러닝(Machine Learning)에 관심을 갖게 된다. 이 부록에서는 간단한 예제를 통해 회귀와 분류 모델을 실습하며 머신러닝의 기본 개념과 실제 적용 방법을 소개한다.

1. 회귀 모델

회귀 모델은 독립 변수와 종속 변수 간의 관계를 수학적으로 표현하는 통계적 방법이다. 이는 '어떤 자료에 대해 그 값에 영향을 주는 조건을 고려하여 구한 평균'으로 정의할 수 있다. 회귀 모델의 주요 목적은 변수 간의 관계를 모델링하고 새로운 데이터에 대한 예측을 수행하는 것이다.

회귀 모델은 크게 선형 회귀와 비선형 회귀로 나눌 수 있다. 선형 회귀는 변수 간 선형 관계를 가정하며, 비선형 회귀는 복잡한 비선형 관계를 모델링한다. 회귀 모델의 선형성과 비선형성을 구분할 때는 독립 변수와 종속 변수의 관계가 아닌 회귀 계수를 기준으로 판단해야 한다.

회귀 분석의 활용 분야는 다양하다. 예를 들어, 온라인 쇼핑몰에서는 고객의 구매 가능성을 예측하는 모델을 구축하여 마케팅 효율성을 높일 수 있다. 또한 식품 배달 서비스에서는 배달 시간에 영향을 미치는 요인들을 분석하여 서비스 품질을 개선할 수 있다.

회귀 모델의 성능을 평가하는 지표로는 R-squared, MSE, RMSE 등이 있다. 이러한 지표들을 통해 모델의 설명력과 예측 오차를 측정할 수 있다. 회귀 모델은 데이터 기반의 의사 결정과 예측 분석에 널리 사용되며, 머신러닝의 기초가 되는 중요한 개념이다.

2. 회귀 모델의 예

이 예제에서는 scikit-learn 라이브러리를 사용하여 선형 회귀 모델을 구현한다. 주택 크기에 따른 가격을 예측하는 간단한 모델을 만들었다.

먼저, 필요한 라이브러리를 임포트하고 데이터를 준비한다.

```python
python
import numpy as np
from sklearn.linear_model import LinearRegression
import matplotlib.pyplot as plt

# 주택 크기 데이터 (제곱미터)
X = np.array([50, 60, 70, 80, 90, 100, 110, 120, 130, 140]).
reshape(-1, 1)

# 주택 가격 데이터 (만원)
y = np.array([1000, 1200, 1300, 1500, 1700, 1900, 2100, 2300, 2500,
2700])
```

다음으로, 선형 회귀 모델을 생성하고 학습시킨다.

python

```python
# 선형 회귀 모델 생성
model = LinearRegression()

# 모델 학습
model.fit(X, y)
```

모델이 학습된 후, 결과를 확인하고 새로운 데이터에 대한 예측을 수행한다.

python

```python
# 모델 계수 (기울기) 출력
print(f"기울기: {model.coef_[0]:.2f}")

# 모델 절편 출력
print(f"절편: {model.intercept_:.2f}")

# 새로운 주택 크기에 대한 가격 예측
new_house_size = np.array([[150]])
predicted_price = model.predict(new_house_size)
print(f"150 제곱미터 주택의 예측 가격: {predicted_price[0]:.2f} 만원")
```

마지막으로, 결과를 시각화하여 모델의 성능을 직관적으로 확인한다.

python

```python
# 결과 시각화
plt.rcParams['font.family'] = 'Malgun Gothic' # 윈도우의 경우
plt.scatter(X, y, color='blue', label='실제 데이터')
plt.plot(X, model.predict(X), color='red', label='회귀선')
plt.scatter(new_house_size, predicted_price, color='green',
marker='*', s=200, label='새 예측')
plt.xlabel('주택 크기 (제곱미터)')
```

```
plt.ylabel('주택 가격 (만원)')
plt.title('주택 크기에 따른 가격 예측')
plt.legend()
plt.show()
```

결과

```
# 기울기: 19.03
# 절편: 12.12
# 150 제곱미터 주택의 예측 가격: 2866.67 만원
```

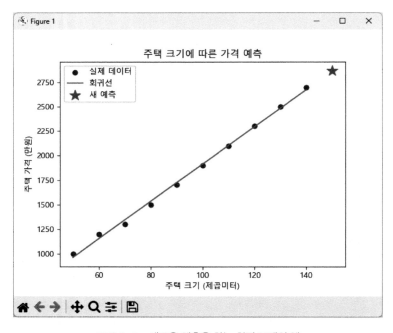

그림 A-1   새로운 예측을 하는 회귀 모델의 예

이 예제를 실행하면 선형 회귀 모델이 주택 크기와 가격 사이의 관계를 학습하고, 새로운 주택 크기에 대한 가격을 예측한다. 또한, 그래프를 통해 실제 데이터와 모델의 예측 결과를 시각적으로 비교할 수 있다. 이를 통해 머신러닝의 기본 개념과 선형 회귀의 작동 원리를 직관적으로 이해할 수 있다.

3. 분류 모델

　　머신러닝의 분류 모델은 주어진 데이터를 미리 정의된 범주나 클래스로 구분하는 기법이다. 이는 패턴 인식, 의사 결정 지원 등 다양한 분야에서 활용된다. 분류 모델의 핵심은 입력 데이터의 특성을 바탕으로 가장 적합한 클래스를 예측하는 것이다.

　　위 예제에서는 K-최근접 이웃(K-Nearest Neighbors, KNN) 알고리즘을 사용했다. KNN은 새로운 데이터 포인트와 가장 가까운 K개의 이웃 데이터들의 클래스를 참조하여 분류를 수행한다. 이 방법은 직관적이고 구현이 간단하여 분류 모델의 기본 개념을 이해하기에 적합하다.

　　분류 모델 구축 과정은 크게 다음 단계로 이루어진다.

1. 데이터 준비: 특성(feature)과 레이블(label)로 구성된 데이터셋을 준비한다.
2. 데이터 분할: 전체 데이터를 학습용과 테스트용으로 나눈다.
3. 모델 선택 및 학습: 적절한 알고리즘을 선택하고 학습 데이터로 모델을 훈련시킨다.
4. 예측 및 평가: 테스트 데이터로 모델의 성능을 평가한다.

　　모델의 성능은 주로 정확도(accuracy)로 측정되며, 이는 올바르게 분류된 샘플의 비율을 나타낸다. 그러나 실제 응용에서는 정밀도(precision), 재현율(recall), F1 점수 등 다양한 평가 지표를 함께 고려해야 한다.

　　분류 모델의 시각화는 결과를 직관적으로 이해하는 데 도움을 준다. 2차원 평면에 데이터 포인트를 표시하고 각 클래스를 다른 색상으로 구분하면, 모델이 어떻게 결정 경계를 형성하는지 쉽게 파악할 수 있다.

　　이러한 기본적인 분류 모델 이해를 바탕으로, 학습자들은 더 복잡한 알고리즘과 실제 문제에 대한 적용 방법을 탐구할 수 있다. 분류 모델은 이메일 스팸 필터링, 의료 진단, 이미지 인식 등 다양한 실제 응용 분야에서 중요한 역할을 한다.

4. 분류 모델의 예

머신러닝의 분류 모델에 대한 가장 간단한 예를 만들어보자. 이 예제에서는 scikit-learn 라이브러리를 사용하여 간단한 이진 분류 모델을 구현한다. 꽃받침의 길이와 너비를 기반으로 붓꽃(Iris)의 품종을 분류하는 모델을 만들어 본다.

먼저, 필요한 라이브러리를 임포트하고 데이터를 준비한다.

```python
from sklearn import datasets
from sklearn.model_selection import train_test_split
from sklearn.neighbors import KNeighborsClassifier
from sklearn.metrics import accuracy_score
import matplotlib.pyplot as plt

# Iris 데이터셋 로드
iris = datasets.load_iris()
X = iris.data[:, [0, 1]] # 꽃받침 길이와 너비만 사용
y = iris.target

# 데이터를 학습용과 테스트용으로 분할
X_train, X_test, y_train, y_test = train_test_split(X, y, test_size=0.3, random_state=42)
```

다음으로, K-최근접 이웃(K-Nearest Neighbors) 분류기를 생성하고 학습시킨다:

```python
# KNN 분류기 생성 및 학습
knn = KNeighborsClassifier(n_neighbors=3)
knn.fit(X_train, y_train)
```

모델이 학습된 후, 테스트 데이터로 예측을 수행하고 정확도를 계산한다.

```python
# 테스트 데이터로 예측
y_pred = knn.predict(X_test)

# 정확도 계산
accuracy = accuracy_score(y_test, y_pred)
print(f"모델 정확도: {accuracy:.2f}")
```

마지막으로, 결과를 시각화하여 모델의 분류 결과를 직관적으로 확인한다.

```python
# 결과 시각화
plt.rcParams['font.family'] = 'Malgun Gothic'  # 윈도우의 경우
plt.figure(figsize=(10, 6))
plt.scatter(X_test[:, 0], X_test[:, 1], c=y_pred, cmap='viridis')
plt.xlabel('꽃받침 길이')
plt.ylabel('꽃받침 너비')
plt.title('KNN을 이용한 Iris 품종 분류')
plt.colorbar(ticks=[0, 1, 2], label='예측된 품종')
plt.show()
```

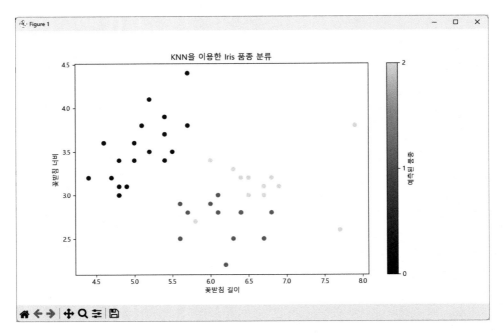

그림 A.2　KNN 머신 러닝을 활용한 이용한 붓꽃 품종의 분류

　　이 예제를 실행하면 KNN 분류기가 Iris 데이터셋의 꽃받침 길이와 너비를 기반으로 품종을 분류하는 방법을 학습한다. 모델의 정확도가 출력되며, 그래프를 통해 테스트 데이터에 대한 분류 결과를 시각적으로 확인할 수 있다. 이를 통해 학생들은 분류 모델의 기본 개념과 작동 원리를 직관적으로 이해할 수 있을 것이다.

　　이러한 실습들은 머신러닝의 전체 영역을 깊이 있게 다루기보다는 통계와 빅데이터 분석의 연장선에서 데이터 기반 예측을 간단히 체험해 보는 것에 초점을 맞춘다. 이를 통해 학습자들은 자신의 데이터에 머신러닝 모델을 적용했을 때 어떤 추가적 가치를 창출할 수 있을지에 대한 감각을 익힐 수 있다. 이는 향후 더 복잡한 머신러닝 기법을 학습하고 적용하는 데 있어 중요한 기초가 될 것이다.

부록 B

프로젝트 관리 및 협업의 중요성

1. 프로젝트 관리 및 협업의 중요성

데이터 분석이나 모델링 못지않게 중요한 것이 프로젝트의 조직적 관리와 협업이다. 데이터 관련 프로젝트는 대개 팀 단위로 진행되며, 적절한 버전 관리와 효과적인 커뮤니케이션이 필수적이다. 이러한 요소들은 프로젝트의 성공과 팀 생산성에 직접적인 영향을 미친다.

프로젝트 관리와 협업은 데이터 분석 프로젝트의 성공에 핵심적 역할을 한다. 데이터 분석이나 모델링 자체의 기술적 측면 못지않게 이러한 요소들이 중요한 이유는 다음과 같다.

● 프로젝트 관리의 중요성

1. 명확한 목표 설정: 프로젝트 시작 단계에서 비즈니스 문제를 정확히 정의하고 분석 목적을 명확히 도출하는 것이 중요하다. 이는 프로젝트의 방향을 설정하고 리소스를 효율적으로 할당하는 데 도움을 준다.

2. 리소스 할당 최적화: 데이터 분석 프로젝트는 데이터의 크기, 속도, 복잡성, 분석의 복잡성, 정확도/정밀도 등 다양한 요소를 고려해야 한다. 이러한 요소들을 고려한 적절한 리소스 할당은 프로젝트의 효율성을 높인다.

3. 위험 관리: 프로젝트 관리를 통해 잠재적인 위험을 사전에 식별하고 대응 방안을 마련할 수 있다. 이는 프로젝트의 안정성을 높이고 예상치 못한 문제로 인한 지연을 방지한다.

● 협업의 중요성

1. 다양한 전문성 활용: 데이터 분석 프로젝트는 분석가, 도메인 전문가, 기획자 등 다양한 역할의 협업이 필요하다. 이러한 협업을 통해 각 분야의 전문성을 최대한 활용할 수 있다.

2. 효과적인 커뮤니케이션: 분석가는 데이터 영역과 비즈니스 영역의 중간에서 조정자 역할을 수행해야 한다. 효과적인 커뮤니케이션은 프로젝트의 목표를 모든 팀원이 명확히 이해하고 일관된 방향으로 나아가는 데 도움을 준다.

3. 버전 관리를 통한 협업: Git와 같은 버전 관리 시스템을 활용하면 여러 개발자가 동시에 작업할 수 있고, 변경 사항을 추적하며, 필요시 이전 버전으로 돌아갈 수 있다. 이는 팀의 생산성을 높이고 오류를 줄이는 데 기여한다.

프로젝트 관리와 협업은 데이터 분석 프로젝트의 전체 생명 주기에 걸쳐 중요한 역할을 한다. 이를 통해 프로젝트의 목표를 명확히 하고, 리소스를 효율적으로 활용하며, 팀원 간의 시너지를 극대화할 수 있다. 결과적으로 이는 프로젝트의 성공 확률을 높이고 더 나은 분석 결과를 도출하는 데 기여한다.

2. Git 기반 버전 관리

GitHub나 GitLab 같은 플랫폼을 활용한 Git 기반 버전 관리는 현대 소프트웨어 개발과 데이터 분석 프로젝트에서 핵심적 역할을 제공한다. 이를 통해 코드의 변경 이력을 추적하고, 여러 개발자가 동시에 작업할 수 있으며, 코드 리뷰 프로세스를 통해 품질을 관리할 수 있다. 예를 들어, 각 팀원이 별도의 branch에서 작업한 후 pull request를 통해 코드를 병합하는 방식은 안정적인 개발 환경을 제공한다.

Git 기반 버전 관리는 현대 소프트웨어 개발과 데이터 분석 프로젝트에서 필수적인 요소다. GitHub와 GitLab 같은 플랫폼을 활용한 Git 기반 버전 관리의 주요 이점은 다음과 같다.

● 코드 변경 이력 추적

1. Git은 모든 변경 사항을 커밋 단위로 기록한다.
2. 이를 통해 언제든 특정 시점의 코드 상태로 되돌아갈 수 있다.
3. 변경 이력을 통해 프로젝트의 발전 과정을 쉽게 파악할 수 있다.

● 동시 작업 지원

1. 분산형 버전 관리 시스템인 Git은 여러 개발자가 동시에 작업할 수 있는 환경을 제공한다.
2. 각 개발자는 로컬 저장소에서 독립적으로 작업할 수 있어 유연성이 높다.
3. 브랜치 기능을 통해 여러 기능을 병렬적으로 개발할 수 있다.

● 코드 리뷰 프로세스

1. Pull Request(PR) 기능을 통해 체계적인 코드 리뷰가 가능하다.
2. 팀원들이 변경 사항을 검토하고 피드백을 제공할 수 있어 코드 품질 향상에 도움이 된다.
3. 코드 리뷰는 지식 공유와 팀 협업 강화에도 기여한다.

● 안정적인 개발 환경 제공

1. 각 팀원이 별도의 브랜치에서 작업하고 PR을 통해 코드를 병합하는 방식은 메인 브랜치의 안정성을 유지한다.

2. 병합 전 자동화된 테스트와 리뷰 과정을 거쳐 버그를 사전에 방지할 수 있다.
3. 병합 큐 기능을 활용하면 여러 PR의 병합 순서를 관리하여 충돌을 최소화할 수 있다.

● 협업 및 프로젝트 관리 기능

1. GitHub와 GitLab은 이슈 트래킹, 프로젝트 보드 등 협업 도구를 제공한다.
2. CI/CD 파이프라인 통합으로 자동화된 빌드, 테스트, 배포가 가능하다.
3. 문서화, 위키 기능 등을 통해 프로젝트 관련 정보를 체계적으로 관리할 수 있다.

Git 기반 버전 관리 시스템의 이러한 특징들은 개발 프로세스의 효율성을 높이고, 팀 협업을 강화하며, 최종적으로 소프트웨어의 품질 향상에 기여한다. 특히 데이터 분석 프로젝트에서는 코드뿐만 아니라 데이터셋의 버전 관리에도 활용되어 재현 가능한 연구와 분석을 가능하게 한다.

3. 노트북 활용과 문서화

Colab이나 Jupyter 노트북은 데이터 분석 과정을 효과적으로 기록하고 공유하는 도구로 널리 사용된다. 이러한 노트북은 코드, 실행 결과, 설명을 하나의 문서에 통합하여 제공함으로써 분석 과정의 투명성과 재현성을 높인다. 주요 분석 단계와 결론을 상세히 문서화하면 팀원 간 지식 공유가 원활해지고, 프로젝트의 연속성을 유지하는 데 도움이 된다.

Colab과 Jupyter 노트북은 데이터 분석 과정을 효과적으로 관리하고 공유하는 강력한 도구다. 이러한 노트북 환경의 주요 특징과 장점은 다음과 같다.

● 통합된 작업 환경

1. 코드, 실행 결과, 설명을 하나의 문서에 통합하여 제공한다.

2. 대화형 인터페이스를 통해 코드 실행 결과를 즉시 확인할 수 있다.
3. 마크다운을 사용하여 코드와 설명을 함께 작성할 수 있어 문서화가 용이하다.

● 분석 과정의 투명성과 재현성 향상

1. 코드와 결과가 함께 저장되어 분석 과정을 쉽게 추적할 수 있다.
2. 다른 사용자가 동일한 환경에서 분석을 재현할 수 있다.
3. 버전 관리 시스템과 연동하여 분석 과정의 변화를 추적할 수 있다.

● 효과적인 지식 공유

1. 노트북 파일(.ipynb)을 통해 전체 분석 과정을 쉽게 공유할 수 있다.
2. GitHub 등의 플랫폼을 통해 노트북을 공유하고 협업할 수 있다.
3. HTML로 내보내기가 가능하여 결과물을 쉽게 공유할 수 있다.

● 프로젝트 연속성 유지

1. 주요 분석 단계와 결론을 상세히 문서화하여 프로젝트의 연속성을 보장한다.
2. 팀원 간 지식 전달이 용이하여 인수인계가 쉽다.
3. 과거 분석을 쉽게 참조하고 업데이트할 수 있다.

● 다양한 기능 지원

1. 다양한 프로그래밍 언어(Python, R 등)를 지원한다.
2. 데이터 시각화 결과를 노트북 내에서 직접 확인할 수 있다.
3. 외부 라이브러리를 쉽게 설치하고 사용할 수 있다.

이러한 특징들로 인해 Colab과 Jupyter 노트북은 데이터 분석가, 연구원, 학생들에게 필수적인 도구로 자리잡았다. 이들은 분석 과정을 체계적으로 관리하고, 결과를 효과적으로 공유하며, 협업을 촉진하는 데 큰 도움을 준다.

4. 프레젠테이션 및 보고서 작성 기술

　　분석 결과를 효과적으로 전달하는 것은 데이터 분석 프로젝트의 성공에 중요한 요소다. 단순한 결과 나열보다는 문제 정의부터 결론까지 논리적인 흐름을 가진 스토리텔링 방식의 전달이 효과적이다. 핵심 지표나 그래프에 간단한 해설을 추가하고, 청중이 가장 관심을 가질 만한 포인트를 강조하는 것이 좋다. 아무리 뛰어난 분석 결과라도 잘 정리되지 않은 메시지는 의사 결정권자나 이해관계자에게 제대로 전달되기 어렵다.

　　프레젠테이션 및 보고서 작성은 데이터 분석 결과를 효과적으로 전달하는 핵심 기술이다. 다음은 이를 위한 주요 전략과 기법이다.

● 스토리텔링 접근법

1. 문제 정의부터 결론까지 논리적 흐름을 구성한다.
2. 데이터를 단순 나열하지 않고, 의미 있는 스토리로 구성한다.
3. 청중의 관심사와 연결하여 메시지의 관련성을 높인다.

● 데이터 시각화

1. 복잡한 데이터를 이해하기 쉬운 그래프나 차트로 변환한다.
2. 핵심 지표나 그래프에 간단한 해설을 추가하여 이해를 돕는다.
3. 색상, 크기, 레이아웃 등을 활용해 중요한 정보를 강조한다.

● 청중 중심 접근

1. 청중의 배경 지식과 관심사를 고려하여 내용을 구성한다.
2. 전문 용어 사용을 최소화하고, 필요시 쉽게 설명한다.
3. 청중이 가장 관심을 가질 만한 포인트를 강조한다.

● 명확한 메시지 전달

1. 핵심 메시지를 명확하고 간결하게 전달한다.

2. 두괄식으로 주요 결론을 먼저 제시하고 세부 내용을 설명한다.

3. 실행 가능한 인사이트와 제안 사항을 포함한다.

● 데이터의 신뢰성 강조

1. 데이터 출처와 분석 방법론을 명확히 제시한다.

2. 통계적 유의성이나 신뢰구간 등을 적절히 표시한다.

3. 가능한 한 최신 데이터를 사용하고, 데이터의 시의성을 강조한다.

효과적인 프레젠테이션과 보고서 작성은 단순히 분석 결과를 나열하는 것이 아니라, 청중의 이해와 행동 변화를 유도하는 것이 목표다. 이를 통해 데이터 기반의 의사 결정을 촉진하고, 궁극적으로 비즈니스 가치 창출에 기여할 수 있다.

이러한 프로젝트 관리 및 협업 기술을 머신러닝 모델 개발 능력과 함께 습득하면, 데이터 분석 프로젝트를 개인 실습 수준을 넘어 실무형 프로젝트로 발전시킬 수 있다. 이는 데이터 분석가 또는 엔지니어로서의 현장 대응력을 크게 향상시키는 중요한 요소가 된다.

부록 C

연습 문제 정답

💠 1장 연습 문제 정답

1. T
2. F, 통계적 사고방식은 '객관적 데이터'를 우선시하는 것이다.
3. 마케팅, 광고 등
4. 데이터
5. 예시 답: "통계적 사고방식은 현상을 수치화하여 편견을 줄이고, 객관적 근거를 통해 문제 해결 방향을 제시함으로써 더 합리적인 의사 결정을 할 수 있게 해 준다."

💠 2장 연습 문제 정답

1. T
2. F, 박스플롯은 연속형 데이터의 사분위수와 이상치를 확인하기 좋다. 범주형 데이터 빈도 비교에는 막대 그래프가 적합
3. 히스토그램

4. 탐색

5. 예시 답: "이상치가 잘못된 측정값인지, 실제로 의미 있는 극단값인지 구분 후, 오류로 판단되면 제거하거나 수정한다. 의미 있는 경우 별도로 분석해 인사이트를 도출할 수도 있다."

❧ 3장 연습 문제 정답

1. F, 확률은 장기적·여러 번 반복 시 수렴하는 경향을 의미한다.

2. T

3. P(B)

4. 정규 분포

5. 예시 답: "표본 평균이나 표본 비율 등은 반복 추출했을 때 특정 확률 분포(정규 분포 등)에 가까워진다는 사실(중심 극한 정리 등) 때문에 추정과 검정 시 확률 분포 개념을 적용할 수 있다."

❧ 4장 연습 문제 정답

1. F, 점추정은 불확실성을 전혀 반영하지 않는다.

2. F, 동일 방식으로 여러 번 구간 추정을 했을 때, 그중 95%가 참값을 포함한다는 빈도주의적 해석

3. 오차 or 오차한 계/표준 오차(standard error)

4. t-분포

5. 예시 답: "신뢰 구간이 넓으면 추정이 덜 정밀하지만 오차 위험이 줄어든다. 좁으면 정밀해 보이지만 오차 발생 확률이 커질 수 있다."

❧ 5장 연습 문제 정답

1. T

2. F, p-value가 작으면 귀무가설을 '기각'할 근거가 강함을 의미한다.

3. ANOVA

4. t

5. 예시 답: "회귀 분석은 한(또는 여러) 독립 변수가 종속 변수에 미치는 영향을 연속적 관계로 모형화할 때 사용하고, 분산 분석은 세 개 이상의 집단 간 평균 차이를 한 번에 비교하고자 할 때 적용한다."

⚜ 6장 연습 문제 정답

1. F, 빅데이터는 양(Volume), 속도(Velocity), 다양성(Variety) 등이 모두 중요한 특징이다.

2. T

3. Variety

4. 가치(Value)

5. 예시 답: "긍정적으로는 맞춤형 서비스, 효율적 정책 수립 등이 가능해진다. 반면 사생활 침해나 개인 정보 유출 위험이 커질 수 있다는 문제가 있다."

⚜ 7장 연습 문제 정답

1. F, 빅데이터 없이도 간단한 추천은 가능하지만 대규모 데이터가 있을수록 추천 정확도가 높아진다.

2. T

3. 추천

4. 데이터

5. 예시 답: "예로, 도시 교통 관리 시스템에서 교통량 데이터를 분석해 혼잡 구간을 예측하고 신호 체계를 조정해 시민 편의를 높이는 데 쓰인다."

⚜ 8장 연습 문제 정답

1. F, 로봇 배출 방침(robots.txt)을 존중하는 것이 법·윤리적으로 바람직하며, 무단 크롤링은 문제를 일으킬 수 있다.

2. T

3. 전처리

4. 데이터

5. 예시 답: "robots.txt 정책 준수, 과도한 트래픽 발생 주의, 저작권·개인 정보 보호 이슈 등을 사전에 고려해야 한다."

✿ 9장 연습 문제 정답

1. F, HDFS는 데이터를 여러 노드에 분산 저장하고, 복제(Replication)도 적용한다.

2. T

3. HDFS

4. RDD

5. 예시 답: "DataFrame은 스키마 정보를 갖춘 구조화된 데이터로, SQL 문법을 사용해 더 직관적이고 최적화된 연산을 수행할 수 있다."

✿ 10장 연습 문제 정답

1. T

2. T

3. 시각화

4. matplotlib/seaborn 등 적절히 가능

5. 예시 답: "그래프 색상 팔레트, 범례와 라벨, 축 간격과 눈금, 레이아웃 배치, 글자 크기 등을 신경 써서 가독성을 높인다."

✿ 11장 연습 문제 정답

1. F, 파이썬은 인터프리터 언어로, 실시간으로 코드가 실행된다.

2. F, Numpy는 다차원 배열 연산에 특화, Pandas는 표(데이터프레임) 형태에 특화

3. for/while 가능

4. read_csv

5. 예시 답: "리스트는 순서가 있는 컬렉션 처리에 적합하고, 딕셔너리는 키-값 쌍으

로 데이터를 빠르게 찾거나 관리할 때 편리하다."

⚜ 12장 연습 문제 정답

1. T
2. F, 카이제곱 검정은 범주형 변수 간 독립성을 확인할 때 사용
3. ttest_ind
4. Linear
5. 예시 답: "t-검정은 집단 간 평균 차이를 보는 것이고, 회귀 분석은 독립 변수가 종속 변수에 미치는 영향을 연속 함수 형태로 추정할 때 쓴다."

⚜ 13장 연습 문제 정답

1. T
2. F, Spark Streaming은 실시간 스트리밍 처리 기능이고, SQL 기능은 Spark SQL
3. read
4. 분산
5. 예시 답: "모든 데이터를 다 시각화하기 어렵기 때문에 일부만 추출해 빨리 분포나 이상치를 파악한다. 단, 샘플이 모집단을 잘 대표하도록 유의해야 한다."

⚜ 14장 연습 문제 정답

1. T
2. F, 대용량의 경우 전체 그리기 어려우면 적절히 샘플링·집계를 통해 시각화하는 것이 일반적
3. pair, pairplot
4. plotly, bokeh 등 가능
5. 예시 답: "색상 팔레트는 범주나 수치 구간을 구분해 주는 역할이며, 잘못 선택하면 구별이 어려워진다. 레이아웃은 그래프가 전달하려는 메시지를 빠르고 명확하게 전달하도록 배치하는 데 중요하다."

❧ 15장 연습 문제 정답

1. F, 개인 정보 비식별화 등 법적·윤리적 제약을 지키면서 사용해야 한다.
2. F, 전처리가 부실하면 분석 결과가 왜곡될 수 있다.
3. GitHub
4. API
5. 예시 답: "주제 선정 및 배경, 데이터 소개(수집 경로, 변수 설명), 전처리 방법, 분석 기법과 결과, 시각화, 결론 및 시사점, 한계 등을 포함한다."

찾아보기